"十四五"职业教育河南省规划教材

3ds Max
三维设计项目实例教程

主 编 刘 凡
副主编 魏亚敏 李 爽 李 彬

·郑州·

图书在版编目（CIP）数据

3ds Max 三维设计项目实例教程 / 刘凡主编． -- 郑州：河南大学出版社，2023.12（2025.8 重印）
ISBN 978-7-5649-5777-3

Ⅰ．①3… Ⅱ．①刘… Ⅲ．①三维动画软件－高等职业教育－教材 Ⅳ．① TP391.414

中国国家版本馆 CIP 数据核字（2024）第 015729 号

图书策划	孔令刚
责任编辑	郑　鑫
责任校对	李亚涛
封面设计	郭　灿

出版发行	河南大学出版社
	地　址：郑州市郑东新区商务外环中华大厦 2401 号
	邮　编：450046
	电　话：0371-86059701（营销部）
	0371-22821215（高等教育与职业教育出版中心）
	网　址：hupress.henu.edu.cn
排　版	河南大学出版社设计排版部
印　刷	河北虎彩印刷有限公司
版　次	2023 年 12 月第 1 版
印　次	2025 年 8 月第 2 次印刷
开　本	890 mm×1240mm　1/16
印　张	10.25
字　数	243 千字
定　价	39.00 元

版权所有・侵权必究

本书如有印装质量问题，请与河南大学出版社营销部联系调换。

前言
PREFACE

3ds Max 软件作为应用最为广泛的三维制作软件，因其功能强大、操作界面友好、使用方便而拥有庞大的用户群体。《3ds Max 三维设计项目实例教程》是动画专业、环境艺术设计专业和数字媒体艺术专业的一门重要专业技能课程，兼具技术与艺术的特性。本教材以 3D 初学者的学习路径为依据，精心规划了四大主题，分别为应用基础、创建三维模型、材质贴图与渲染以及动画设计与制作。在逻辑安排上，内容层层递进，通过 8 个章节的项目实例展现了三维设计的完整制作流程，从初级建模到高级建模，从基础材质到 UV 贴图，从具体环节到全流程的项目实例，从基础动画到动画特效，由浅入深，非常符合初学者的学习特征。在架构上，本教材涵盖了建模、材质、纹理、贴图、渲染、灯光、摄影机、动画、特效等主题，内容特别注重设计观念与实务的结合。通过项目案例式的操作流程与经验小技巧，引导学习者制作出完美的三维效果。

本教材的编写基于教学团队多年的后期软件教学经验。全书由刘凡担任主编（编写共计 8.3 万字），魏亚敏（编写共计 5 万字）、李爽（编写共计 5 万字）、李彬（编写共计 6 万字）任副主编，刘凡负责本书的框架设计、章节的编撰与修改、微课视频的录制与剪辑等内容。本教材针对职业本科院校缺乏专业教材的实际现状，以高水平应用型人才的培养目标为定位，从三维软件的基础出发，采用项目案例式的编写逻辑，突出职业教育的实践性及案例选取的实践应用性，编写出一本适合职业本科院校艺术设计类学生的 3ds Max 教材。

本教材配备有同步的微课视频教程和素材源文件，手机扫码即可在线观看视频，同时可进行在线交流。由于编者水平有限，书中难免存在不足之处，敬请广大读者批评指正。

刘凡

目录 CONTENTS

第 1 部分　3ds Max 应用基础 1

　　第 1 章　3ds Max 软件介绍 3
　　第 2 章　3ds Max 软件基础操作 11

第 2 部分　3ds Max 创建三维模型 23

　　第 3 章　小试牛刀—3ds Max 的基础建模 25
　　第 4 章　新手上路—3ds Max 的高级建模 60

第 3 部分　材质贴图与渲染 77

　　第 5 章　初露锋芒—3ds Max 的材质与贴图 79
　　第 6 章　崭露头角—灯光与渲染 101

第 4 部分　动画设计与制作 117

　　第 7 章　3ds Max 的基础动画 119
　　第 8 章　3ds Max 的高级动画 137

第 1 部分
3ds Max 应用基础

随着信息化时代的到来,三维视觉设计的发展空间无限广阔。3ds Max 软件是三维设计领域使用量最大的三维软件之一,目前,它可广泛应用于广告、影视、工业设计、建筑设计、三维动画、多媒体制作、游戏、辅助教学以及工程可视化等领域,未来将向智能化、多元化方向发展。

第1章
3ds Max 软件介绍

1.1 3ds Max 简介

3ds Max 是一款专业的三维建模软件，最初由美国 Autodesk 公司开发。它拥有强大的三维建模功能和优秀的渲染引擎，广泛应用于动画、游戏、广告、建筑设计、工业制造、虚拟现实等领域。

3ds Max 可以用于创建各种高质量的三维模型，包括角色、场景、建筑、产品等。使用 3ds Max 可以进行建模、材质编辑、灯光设置、动画制作、渲染等操作，用户可以通过 3ds Max 创作出令人惊叹的立体视觉效果。

同时，3ds Max 还支持插件扩展，可以根据不同的需求添加额外的功能，例如粒子系统、物理模拟等。它还有很多辅助工具和功能，如布料、头发等特效制作工具，方便用户进行高效的三维制作。

1.1.1 3ds Max 软件的发展

1990 年，Autodesk 成立多媒体部，推出了第一个动画工作——3D Studio 软件。

1996 年，Autodesk 成立 Kinetix 分部，负责 3ds 的发行。

1999 年，Autodesk 收购 Discreet Logic 公司，并与 Kinetix 合并成立了新的 Discreet 分部。

DOS 版本的 3D Studio 诞生在 20 世纪 80 年代末，那时只要有一台 386 DX 以上的微机就可以圆一个电脑设计师的梦。但是进入 20 世纪 90 年代后，PC 业及 Windows 9x 操作系统的发展，在 DOS 下的设计软件在颜色深度、内存、渲染和速度上存在严重不足，同时，基于工作站的大型三维设计软件 Softimage、Lightwave、Wavefront 等在电影特技行业的成功，使 3D Studio 的设计者决定迎头赶上。与前述软件不同，3D Studio 从 DOS 向 Windows 的移植要困难得多，而 3D Studio MAX 的开发则几乎从零开始。

3D Studio MAX 1.0

1996 年 4 月，3D Studio MAX 1.0 诞生了，这是 3D Studio 系列的第一个 windows 版本。

3ds Max 目前最新的版本是 2023 年 3 月发布的 2024 版，这个版本在之前的基础上进行了大量的改进和更新，带来了更多新的功能，增强了原有的工具。下面对不同版本进行简要介绍：

1. 3ds Max 2022 版（图 1.1-1）：这个版本相对于之前的版本，在渲染效果、时间轴改进等方面都有了很大的提升。具体来说，这个版本增加了自适应采样选项，在保证高质量渲染效果的同时，大大减少了渲染时间；还支持用点云代替几何体，以便更快地加载和预览较大场景。此外，这个版本还添加了新的视图模式，用户能够更好地掌握场景中的光源属性和材质反射。

图 1.1-1

2. 3ds Max 2014（图 1.1-2）是一个入门版本，适合初学者使用，因为它的功能齐全，对电脑硬件配置要求不高，稳定性非常强。然而，由于这个版本已经相当老了，新版渲染器和插件逐渐不再支持，因此不能依赖这个版本，而应该考虑更新版本。

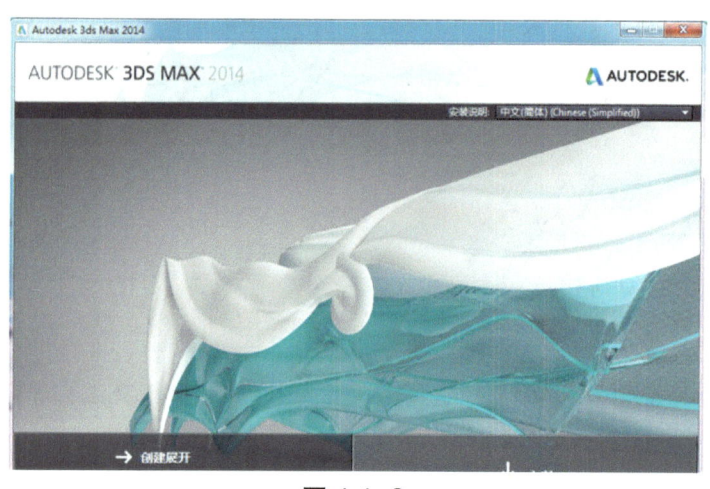

图 1.1-2

3. 3ds Max 2016 是目前室内设计师使用最多的版本之一，它具有完善的功能，支持各类丰富的插件，并优化了一些老版本的 bug 和功能缺陷。许多设计师喜欢使用这个版本，制作出来的效果图非常惊人。尤其是 3ds Max 2016+Vray3.6 版本的搭配，非常受欢迎。

总的说来，不同版本的 3ds Max 都在不断地改进和升级，旨在为用户提供更好的三维建模体验。

1.1.2　3ds Max 2019版本介绍

3ds Max 2019（图 1.1-3）是一款功能强大的三维建模和渲染软件，具有以下特色：

1. 实时交互性能提高：新版增加了 NVIDIA Iray 渲染器，可以直接在视频编辑器中看到实时渲染效果，同时支持更快的硬件编码器，提高了视频输出的效率。

2. 更加智能的工作流程：新增了智能选择工具和交互式路径处理，能够更快速地选择场景中的各个组件，并使用可视化路径来控制动画。

3. 全新的设计工具：内置 Substance 3D Painter 和 Painter，这使得用户在进行纹理和贴图处理时更加便捷。

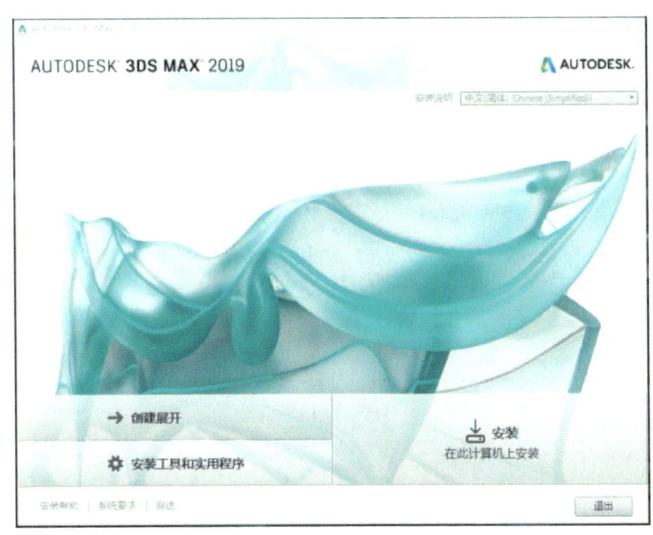

图 1.1-3

4. 更高效的网格建模工具：全新的集成改进了网格建模工具，能够更好地优化网格结构、提高模型细节，同时也支持了更多的导入和导出格式。

5. 交互式渲染增强：新增了 Arnold GPU，支持 GPU 加速，能够更加高效地处理大规模场景和复杂的着色器。

3ds Max 2019 具有更好的性能、更高效的工作流程和更丰富的功能，为用户提供了更加专业、高水平的三维建模和渲染解决方案。

软件安装需求：

目前 3ds Max 已经更新到 2024 版本。版本越高，功能是越来越强的，但是版本越高对电脑的配置要求也是越高的，如果只是室内实际渲染的话 2012 到 2019 的版本是最常用的。

在 3ds Max 2019 中，加入了很多新的功能，但如果自身机器硬件配置跟不上，或者操作系统过于陈旧的话，很可能会导致无法运行 3ds Max 2019。另外，虽然 3ds Max 2019 能够兼容老版本的 3ds Max 文件，但老版本的 3ds Max 却无法打开 2019 版的文件。如果需要频繁和他人对接工作的话，还是使用老版本的 3ds Max，更为稳定一些。

3ds Max2019 操作系统要求：

Microsoft Windows 7（SP1）、Windows 8、Windows 8.1 和 Windows 10 Professional 操作系统。

3ds Max2019 的硬件要求：

CPU：支持 SSE4.2 指令集的 64 位 Intel® 或 AMD® 多核处理器；

显卡硬件：显存 2GB 以上的独立显卡；

RAM：至少 4 GB RAM（建议使用 8 GB 或更大空间）；

磁盘空间：6 GB 可用磁盘空间（用于安装）；

指针设备：三键鼠标 安装过程见（图 1.1-4）、（图 1.1-5）。

图 1.1-4

图 1.1-5

1.2 应用领域与行业介绍

1.2.1 3ds Max 的功能

3ds Max 是一款功能强大的 3D 建模软件，其主要功能包括建模、材质编辑与纹理映射、灯光与渲染、动画制作、物理学仿真和特效、脚本编写和事件驱动、多平台导出与互动展示等。

1. 建模

提供多种建模工具，如多边形网格、NURBS 曲面、Splines 和 颜色调整等，能够实现复杂的 3D 模型设计和制作。

2. 材质编辑与纹理映射

支持多种材质编辑技术，包括位图、照明、反射等，用户可快速创建不同类型和质量的材质。

3. 灯光与渲染

可以创建各种灯光类型并在不同场景下进行高质量的渲染，如点光源、聚光灯、环境光等。

4. 动画制作

可以创建流畅的动画效果，包括关键帧、路径动画、静态动画和计算机绘制等，使模型形象更加生动。

5. 物理学仿真和特效

可以模拟物理效应，如重力、碰撞、流体效应等，并创建各种特效，如火焰、水流等。

6. 脚本编写和事件驱动

支持脚本编写，可以自定义插件和批量处理，提高开发和生产效率。

7. 多平台导出与互动展示

可以将 3D 模型导出成多种格式，支持多平台上的展示和互动性，如通过 Web 浏览器、虚拟现实等方式。

这些主要功能使 3ds Max 具备了广泛的应用范围，可用于游戏开发、建筑设计、产品设计和数字娱乐等领域，并且是制作高质量职业制作工具之一。

1.2.2　3ds Max 应用领域

1. 影视特效

影视特效是 3ds Max 的一个重要功能，通过它制作出来的影视作品有很强的立体感，写实能力较强，能够轻而易举地表现出一些结构复杂的形体，并且能够产生惊人的真实效果。影视特效典型地应用在影视作品的合成中，比如我们熟悉的《哪吒之魔童降临》《流浪地球》《长安三万里》《封神第一部：朝歌风云》等影片。

2. 栏目包装设计

3ds Max 广泛应用在电视、电影作品中，主要包括栏目片头、特效，许多电视节目的片头都是设计师配合使制作而成，比如《声入人心》《歌手》《奔跑吧兄弟》等节目片头，这个大家都比较熟悉。

3. 游戏或动漫 IP 角色

由于 3ds Max 软件自身所具备的建模优势，使其成为全球范围内应用最为广泛的游戏角色设计与制作软件。除制作游戏角色外，还被广泛应用于制作一些游戏场景。

动漫 IP 角色是动漫衍生品产业的一部分。目前，国内市场中的许多动漫 IP 以潮流手办玩具的形式出现。潮流玩具是一种融入艺术、设计、潮流、绘画、雕塑等多元素理念的玩具。知名的潮玩品牌泡泡玛特凭借着"Molly"系列爆款 IP 角色成功打开了大众潮玩市场。近年来，数字艺术藏品成为市场"新贵"，最著名的代表有无聊猿等。刘凡老师也以中国传统文化中的"十二花神"主题，借助 3ds Max 软件创作了"十二花神"系列动漫 IP 角色，如一月梅花花神"梅小香"（图 1.2-1），三月桃花花神"桃夭"（图 1.2-2）。

图 1.2-1

图 1.2-2

4. 广告动画

在商业竞争日益激烈的今现在，广告已经成为一个热门的行业。而使用动画形式制作电视广告深受电商欢迎。天猫、京东、淘宝等平台展示的家具几乎都是利用 3ds Max 制作的演示动画，使用 3ds Max 制作三维动画更能突出商品的特殊性和立体效果，从而引起观众的注意，达到商品的形象宣传效果。如某品牌饮料广告（图 1.2-3）和公益广告动画（图 1.2-4）。

图 1.2-3

图 1.2-4

5. 建筑设计

建筑设计是目前使用 3ds Max 领域最广的行业之一，大多数学习 3ds Max 的人员主要的目标就是制作建筑效果。建筑效果还分为室内设计效果（图 1.2-5）、室外设计效果（图 1.2-6）、园林设计效果（图 1.2-7）。

图 1.2-5

图 1.2-6

图 1.2-7

6. 工业产品

3ds Max 是产品造型设计中最为有效的技术手段,它可以极大地拓展设计师的思维空间。同时,在产品和工艺开发中,它可以在生产线建立之前模拟实际工作情况以检测生产线运行情况,以免因设计失误而造成巨大的损失。如机械猫模型(图 1.2-8)。

图 1.2-8

1.2.3 3ds Max 在三维软件中的优势

1. 性价比高

3ds Max 有非常好的性价比,它所提供的强大的功能远远超过了它自身的价格,一般的制作公司就可以承受得起,这样就可以使作品的制作成本大大降低,而且它对硬件系统的要求相对来说也很低,一般普通的电脑配置已经就可以满足学习的需要了,这也是每个软件使用者所关心的问题。

2. 便于交流

3ds Max 在国内拥有很多的使用者,学习教程也比较多,随着互联网的普及,关于 3ds Max 的论坛在国内也相当火爆。

3. 上手容易

3ds Max 的制作流程十分简洁高效,可以使你很快的上手,所以先不要被它的一大堆命令吓倒,只要你的操作思路清晰,上手是非常容易的,后续的高版本中操作性也十分简便,操作的优化更有利于初学者学习。

总之,3ds Max 软件是一款功能强大、易学易用、应用广泛的三维建模软件,是许多行业的必备工具。

教学小结

本节主要讲述了 3ds Max 软件的发展历程、不同版本之间的差异，比较了 3ds Max 软件与其他三维软件的差异，重点介绍了 3ds Max 软件的功能与应用领域，并简要介绍了 3ds Max 软件的优势。通过本节学习，应初步了解 3ds Max 软件的功能与市场定位，掌握软件的安装方法。

思考与实践

1. 简述 3ds Max 软件的功能有哪些？
2. 简述 3ds Max 软件的常见应用领域有哪些。
3. 查看自己的电脑系统性能配置，并安装 3ds Max 软件。

第 2 章
3ds Max 软件基础操作

2.1 3ds Max界面分布

首先，我们打开 3ds Max 2019，我们看到的界面是欢迎和引导界面，如图 2.1-1 所示。然后，我们需要关闭欢迎界面，来到正式界面。

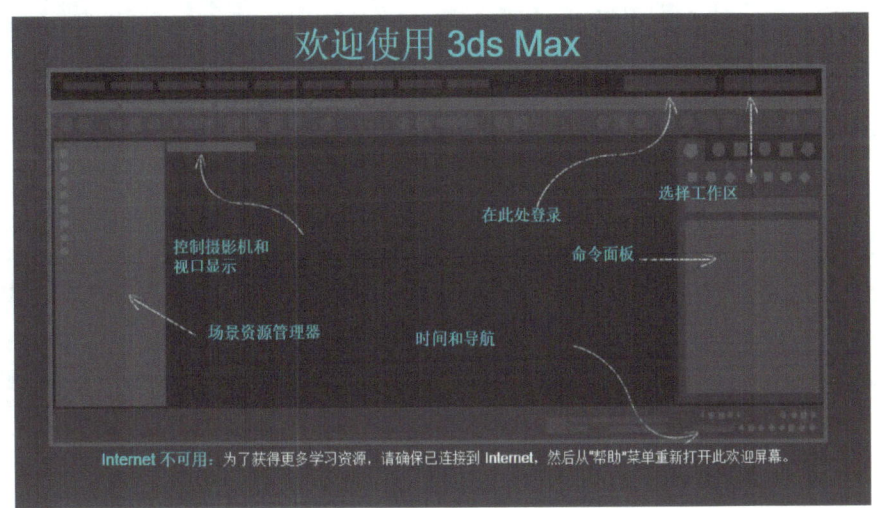

图 2.1-1

1. "用户帐户"（User Account）菜单

2. 工作区选择器

3. 菜单栏

4. 主工具栏

5. 功能区

6. 场景资源管理器

7. 视口布局

8. 命令面板

9. 视口

10. MAXScript（迷你侦听器）

11. 状态行和提示行

12. 孤立当前选择切换和选择锁定切换

13. 坐标显示

14. 动画和时间控件

15. 视口导航控件

16. "项目"工具栏

这些对应的界面窗口位置如图 2.1-2 所示。

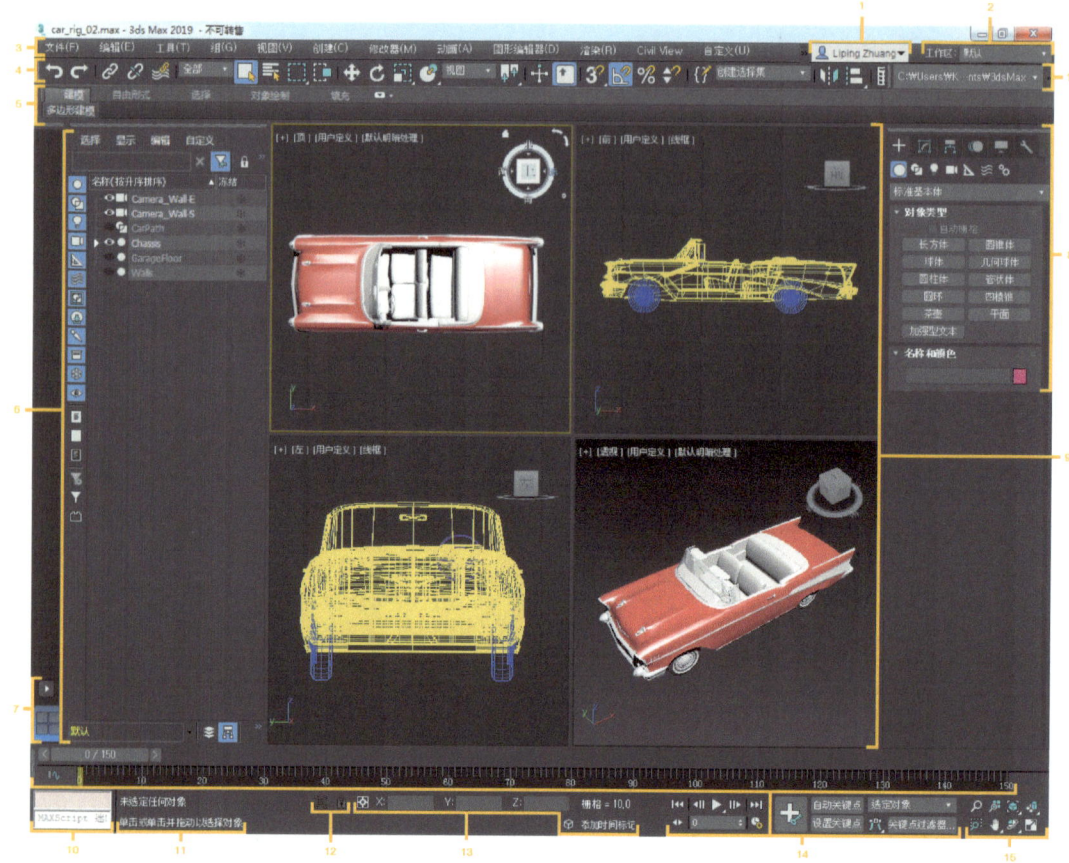

图 2.1-2

我们根据我们软件经常使用到的界面菜单栏进行介绍。

2.1.1 菜单栏

3ds Max 2019 的标准菜单栏中包括 File（文件）Edit（编辑）Tools（工具）、Group（组）、Views（视图）、Create（创建）、Modifiers（修改）、Animation（动画）、Graph Editors（图表编辑器）、Rendering（渲染）、Customize（定制）、MAXScript（脚本）和 Help（帮助），如图 2.1-3 所示。

图 2.1-3

3ds Max 2019 的标准菜单栏位于窗口的最上方。每个菜单项的名称表明了其中相关命令的用途，其实很多工具都被集合到了主工具栏、【创建】面板、【修改】面板中。菜单栏中包含 13 个菜单项和 1 个按钮，分别为【文件】【编辑】【工具】【组】【视图】【创建】【修改器】【动画】【图形编辑器】【渲染】【Civil View】【自定义】【脚本】【Intersctive】【内容】【Arnold】【帮助】，如图

2.1-3 所示。

菜单栏位于窗口的最上方。单击会出现很多操作文件的命令，包括【新建】【重置】【打开】【保存】【另存为】【导入】【导出】等，如图 2.1-4 所示。

在【编辑】菜单中可以对文件进行编辑操作，包括【撤销】【重做】【暂存】【取回】【删除】【克隆】【移动】【旋转】【缩放】等命令，如图 2.1-5 所示。

在【工具】菜单中可以对对象进行常用操作，如镜像、阵列、对齐等，如图 2.1-6 所示。更方便的方式是利用主工具栏中的命令创建。

【组】菜单中的命令可将多个物体组在一起，还可以进行解组、打开组等操作，如图 2.1-7 所示。

【视图】菜单中的命令用来控制视图的显示方式以及视图的相关参数设置，如图 2.1-8 所示。

在【创建】菜单中可以创建模型、灯光、粒子等对象，更方便的方式是利用【创建】面板中的命令创建，如图 2.1-9 所示。

在【修改器】菜单中可为对象添加修改器，更方便的方式是利用【修改】面板中的命令添加修改器，如图 2.1-10 所示。

【动画】菜单主要用来制作动画，包括正向动力学、反向动力学、骨骼的创建和修改等命令，如图 2.1-11 所示。

【图形编辑器】菜单是 3ds Max 中图形可视化功能的集合，包括【轨迹视图—曲线编辑器】【轨迹视图—摄影表】【新建图解视图】等命令，如图 2.1-12 所示。

在【渲染】菜单中可以使用与渲染相关的功能，如【渲染】【渲染设置】【环境】等，如图 2.1-13 所示。

Civil View 菜单是一款供土木工程师和交通运输基础设施规划人员使用的可视化工具，如图 2.1-14 所示。

【自定义】菜单用来更改用户界面或系统设置，如图 2.1-15 所示。

在【脚本】菜单中可以进行语言设计，包括新建脚本、打开脚本、运行脚本等命令，如图 2.1-16 所示。

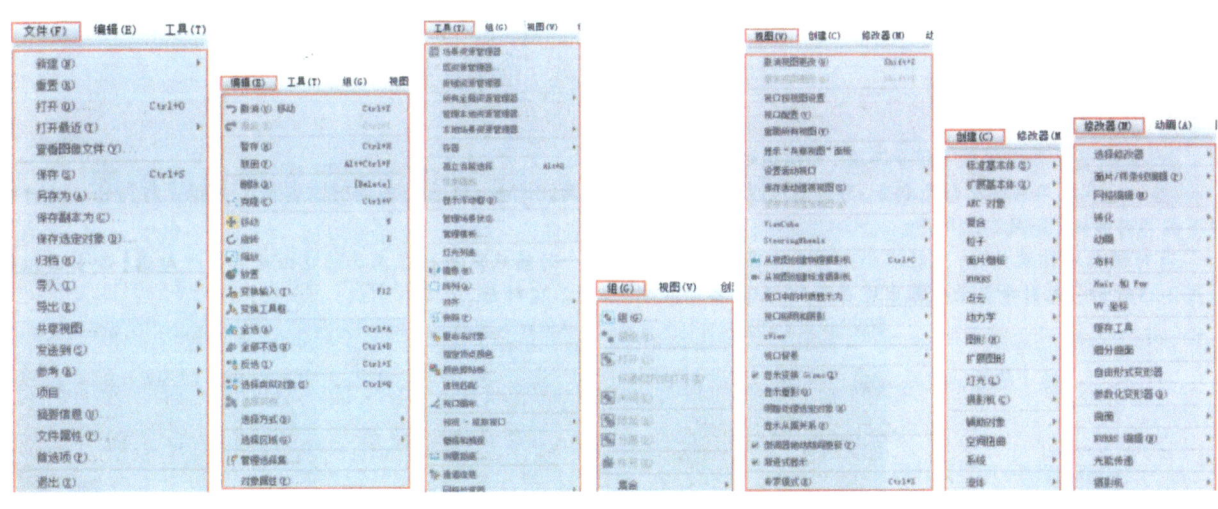

图 2.1-4　　图 2.1-5　　图 2.1-6　　图 2.1-7　　图 2.1-8　　图 2.1-9　　图 2.1-10

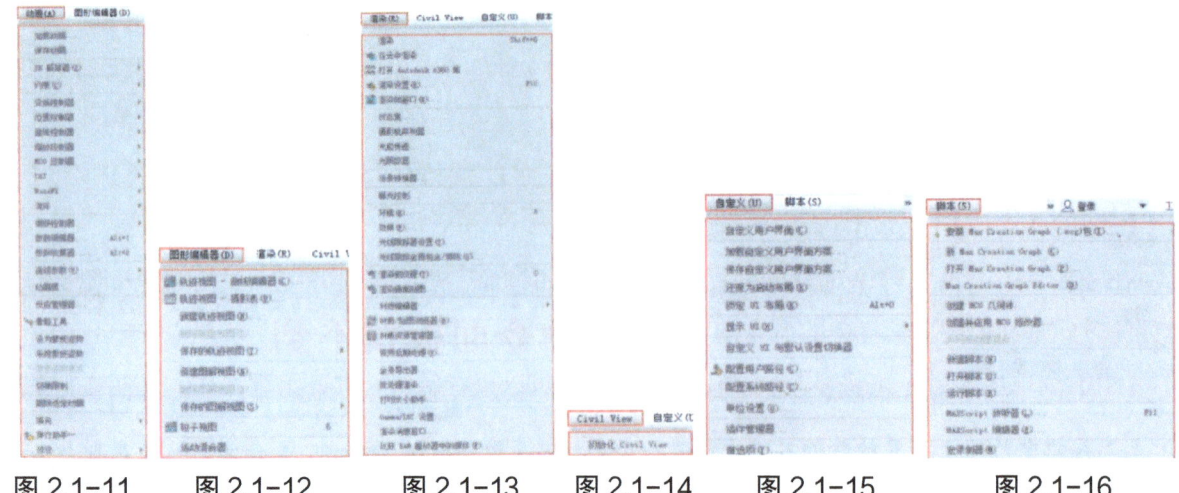

图 2.1-11　　图 2.1-12　　图 2.1-13　　图 2.1-14　　图 2.1-15　　图 2.1-16

2.1.2 主工具栏

3ds Max 软件中的很多命令是由工具栏上的按钮来实现。通过主工具栏可以快速访问 3ds Max 中很多常见任务的工具和对话框，其中包含撤销、重做、选择并链接、取消链接选择、绑定到空间扭曲、选择过滤列表选择对象等常见的功能按钮，如图 2.1-17 所示。

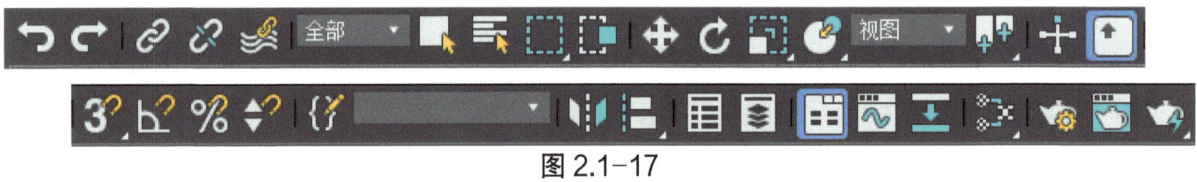

图 2.1-17

默认情况下，首次启动 3ds Max 时，主工具栏可见。但是，如果将其关闭并想重新打开，则可从"显示 UI"子菜单中将其打开。

通过单击控制柄并将其拖动到工具栏左侧，可在界面上的不同位置中浮动和停靠主工具栏。还可以通过从"工作区选择器"中选择"主工具栏－模块"工作区，使主工具栏模块化。模块化之后，可以根据需要浮动和停靠工具组。

功能区采用工具栏形式，它可以按照水平或垂直方向停靠，也可以按照垂直方向浮动，如图 2.1-18 所示。

图 2.1-18

可以通过单击主工具栏 ![] （切换功能区）来打开或关闭功能区显示。另一种控制功能区显示的方法是选择"自定义"菜单 ▶ "显示 UI" ▶ "显示功能区"。

每个选项卡都包含许多面板，这些面板显示与否通常取决于上下文。例如，"选择"选项卡的内容因活动的子对象层级而改变。您可以使用右键单击菜单确定将显示哪些面板，还可以分离面板以使它们单独地浮动在界面上。通过拖动任一端即可水平调整面板大小，当使面板变小时，面板会自动调整为合适的大小。这样，以前直接可用的相同控件将需要通过下拉菜单才能获得。

功能区上的第一个选项卡是"建模"选项卡，该选项卡的第一个面板"多边形建模"提供了"修改"面板工具的子集：子对象层级（"顶点""边""边界""多边形""元素"）、堆栈级别、用于子对象选择的预览选项等。您随时都可通过右键单击菜单显示或隐藏任何可用面板。

2.1.3 View Cube 导航器

View Cube 导航器可以快速、直观地切换标准工作视图，还可以控制工作视图的旋转操作。如图 2.1-19 所示。

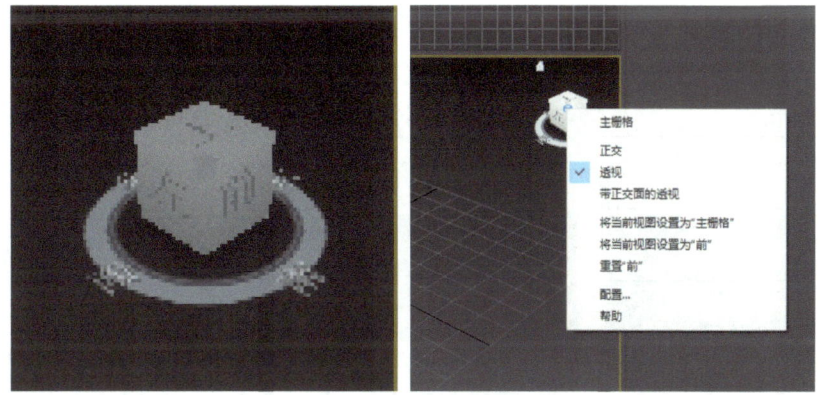

图 2.1-19

如果想控制导航器的大小和显示信息，可以在导航器上单击鼠标右键，在弹出的菜单中选择（配置）进行设置。

2.1.4 命令面板

命令面板由六个用户界面面板组成，其中包括创建面板、修改面板、层次面板、运动面板、显示面板、工具面板。使用这些面板可以访问 3ds Max 的大多数建模功能，以及一些动画功能、显示选择和其他工具。

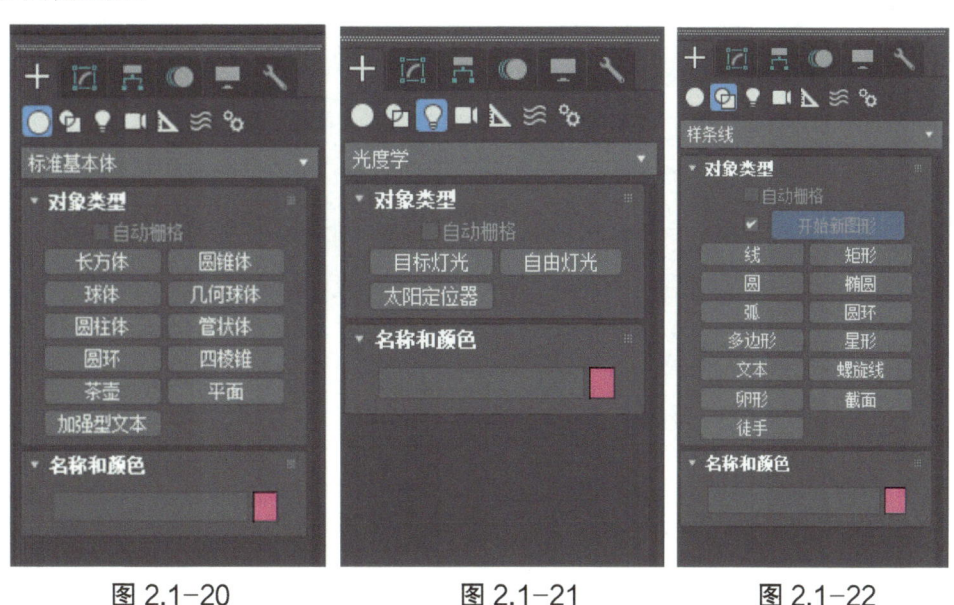

图 2.1-20　　　　　图 2.1-21　　　　　图 2.1-22

1.（创建）面板：提供用于创建对象的控制，这是在 3ds Max 中构建新场景的第一步。创建面板将所创建的对象分为 7 个类别，其中包括几何体图形、灯光、摄影机、辅助对象、空间扭曲对象和系统。每一个类别有自己的按钮，每一个类别内都包含几个不同的对象子类别。使用下拉列表可以选择对象子类别，每一类对象都有自己的按钮，单击该按钮即可开始创建。标准基本体创建面板如图 2.1-20 所示，灯光创建面板如图 2.1-21 所示，样条线创建面板如图 2.1-22 所示。

（1）几何体

①用鼠标左键点击（几何体）按钮，默认出现的是"标准基本体"下属的 10 个几何对象，如图 2.1-20 所示。

注：运用 3ds Max 进行建模，任何复杂的对象在最初创建时都需要依托简单的几何体或者图形对象进行创建，然后运用修改命令不断地修改完善，直至创建出满意的对象。

②用鼠标左键点击"标准基本体"右侧的下拉箭头，在列表中显示其他几何体基本类型，如图 2.1-23 所示。

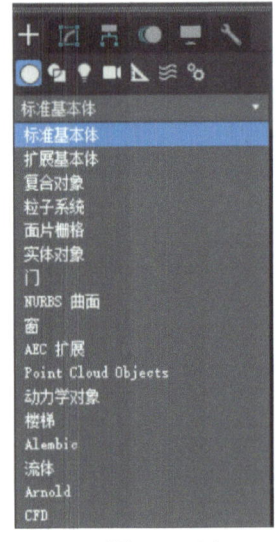  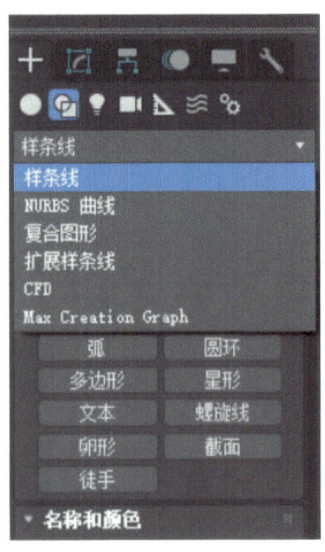

图 2.1-23　　　　图 2.1-24　　　　图 2.1-25

（2）图形

①用鼠标左键点击（图形）按钮，出现的是"样条线"下属的 12 个命令工具，如图 2.1-24 所示。

②用鼠标左键点击"样条线"右侧的下拉箭头弹出其他图形基本类型，如图 2.1-25 所示。

（3）灯光

①用鼠标左键点击（灯光）按钮，出现的是"光度学"下属的 3 个灯光对象。如图 2.1-26 所示。

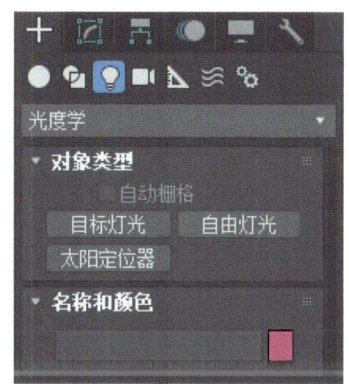

图 2.1-26

②用鼠标左键点击"光度学"右侧的下拉箭头列表中显示其他灯光类型．

（4）摄影机

用鼠标左键点击"摄影机"按钮，出现的是"标准"下属的两个摄影机对象，如图 2.1-27 所示用鼠标左键点击"标准"右侧的下拉箭头，图 2.1-27 左图中显示物理摄像机类型，图 2.1-27 右图中显示目标摄像机类型。

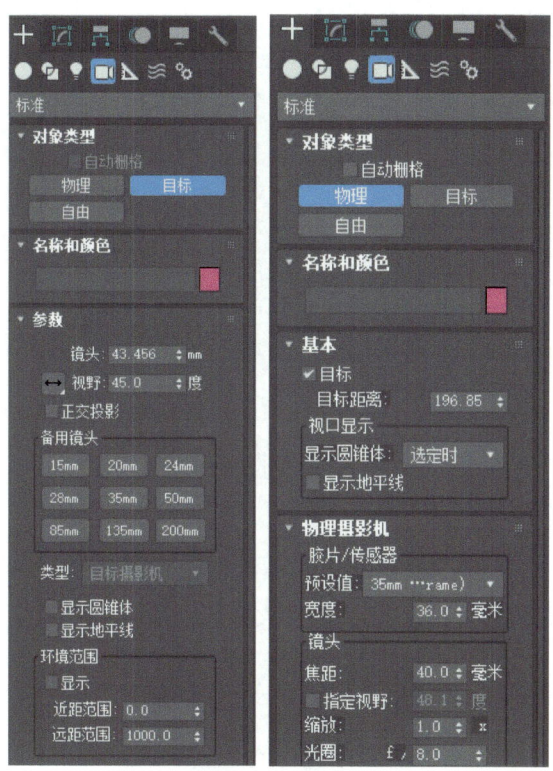

图 2.1-27

（5）辅助对象

①用鼠标左键点击（辅助对象）按钮，出现的是"标准"下属的 11 个辅助对象。如图 2.1-28 所示。

②用鼠标左键点击"标准"右侧的下拉箭头，列表中显示其他辅助对象类型。

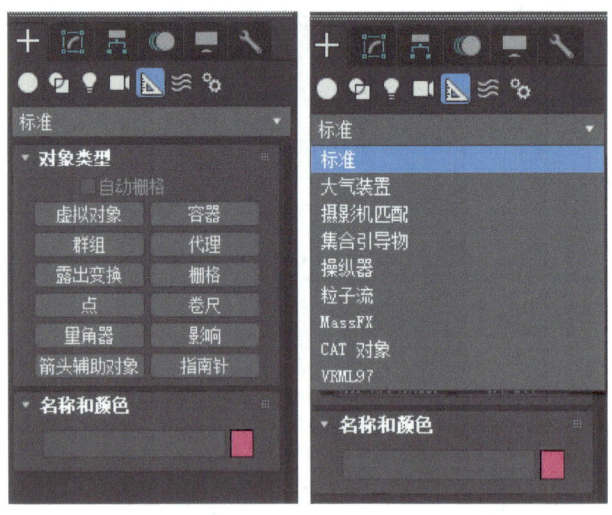

图 2.1-28　　　　图 2.1-29

（6）空间扭曲

①用鼠标左键点击（空间扭曲）按钮，出现的是"力"下属的 9 个力学对象，如图 2.1-30 所示。

②用鼠标左键点击"力"右侧的下拉箭头，列表中显示其他力学对象类型，如图 2.1-31 所示。

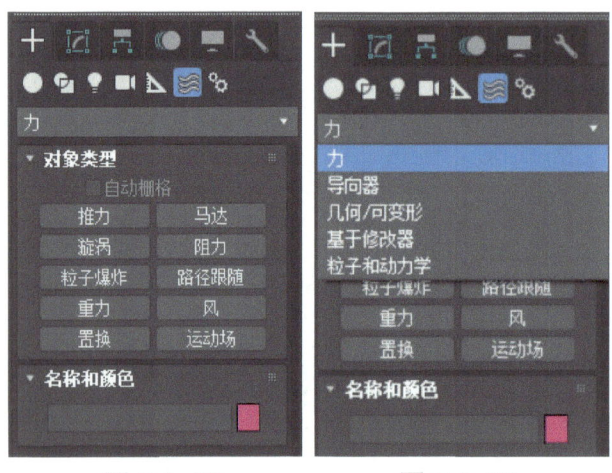

图 2.1-30　　　　图 2.1-31

（7）系统

用鼠标左键点选到（系统）按钮，出现的是"系统"下属的 5 个系统类型，如图 2.1-32 所示。用鼠标左键点击"标准"右侧的下拉箭头，列表显示其他系统对象类型。

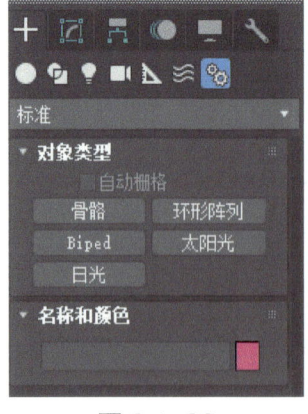

图 2.1-32

2.（修改）面板：可以更改建立物体的参数或增加修改命令，可以修改的内容取决于对象是否是几何基本体（如球体）还是其他类型对象（如灯光或空间扭曲），每一类别都拥有自己的修改范围，内容始终特定于类别及决定的对象。

（1）修改命令面板

①用鼠标左键点选"修改"命令，可针对视图中的选择对象进行修改编辑，如图 2.1-33 所示。

②用鼠标左键点击"修改器列表"右侧的下拉箭头按钮，在列表中出现针对视图对象可编辑的所有修改器，如图 2.1-34 所示。

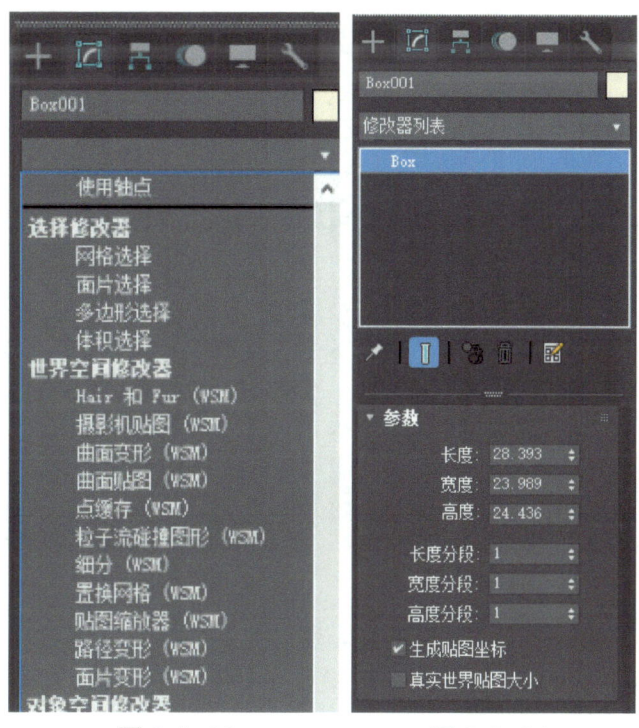

图 2.1-33　　　　图 2.1-34

（2）层次命令面板

用鼠标左键点击"层次"命令，下方出现 4 个卷展栏命令面板，如图 2.1-35 所示。

（3）运动命令面板

用鼠标左键点击"运动"命令，下方出现"指定控制器"卷展栏命令面板，如图 2.1-36 所示。

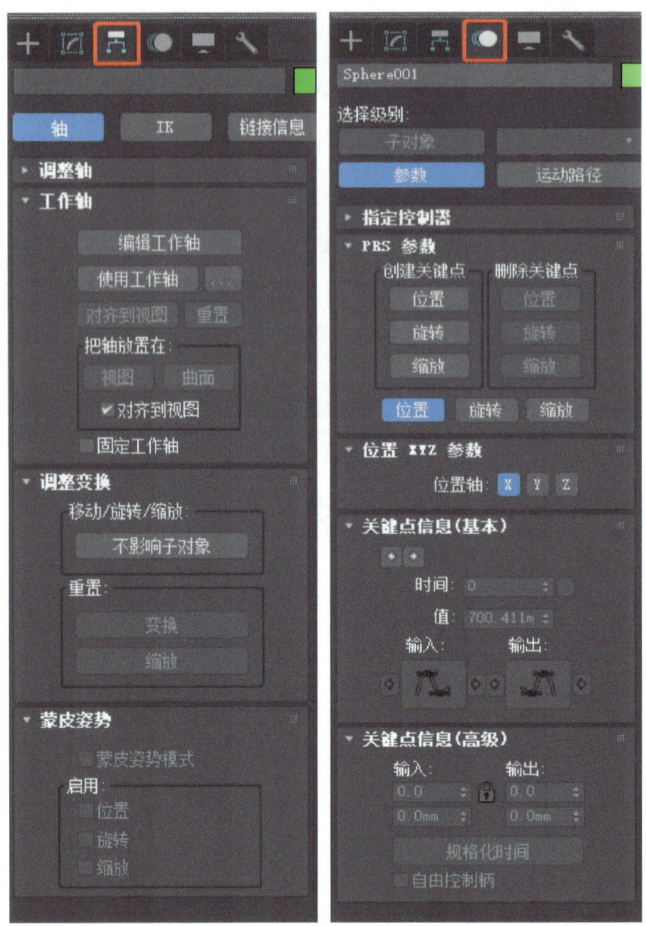

图 2.1-35　　　　图 2.1-36

①（层次）面板：分为轴、IK、链接信息。通过层次面板可以访问用来调整对象间层次链接的工具。通过将一个对象与另一个对象相链接，可以创建父子关系，应用到父对象的变换同时将传递给子对象。通过将多个对象同时链接到父对象和子对象，可以创建复杂的层次。

②（运动）面板：提供用于调整选定对象运动的工具，还提供了轨迹视图的替代选项，用来指定动画控制器。如果指定的动画控制器具有参数，则在运动面板中显示其他卷展栏如果路径约束指定给对象的位置轨迹，则路径参数卷展栏将添加到运动面板中。链接约束显示链接参数卷展栏，位置 XYZ 控制器显示位置 XYZ 参数卷展栏等。

③（显示）面板：可以访问场景中控制对象显示方式的工具。使用显示面板可以隐藏和取消隐藏、冻结和解冻对象、改变其显示特性、加速视图显示以及简化建模步骤。

④（工具）面板：可以访问各种工具程序。3ds Max 工具作为插件提供，因为一些工具由第三方开发商提供，所以 3ds Max 的设置中包含某些未加以说明的工具，可通过选择帮助查找描述这些附加插件的文档。

2.1.5 视图

在启动 3ds Max 2019 之后，主屏幕包含四个同样大小的视图，可见图透视视图位于右下部其他三个视图的相应位置为顶部、前部和左部。默认情况下，透视图是以平滑并高亮显示。用户可以选择在这四个视图中显示不同的视图，也可以在视图右键单击菜单中选择不同的布局。

①视图布局:可以选择其他不同于默认配置的布局。要选择不同的布局,鼠标右键单击视图标签再选择配置命令。选择视图配置对话框的布局选项卡来查看并选择其他布局。

②活动视图边框:四个视图都可见时,带有高亮显示边框的视图始终处于活动状态。如图2.1-37所示。

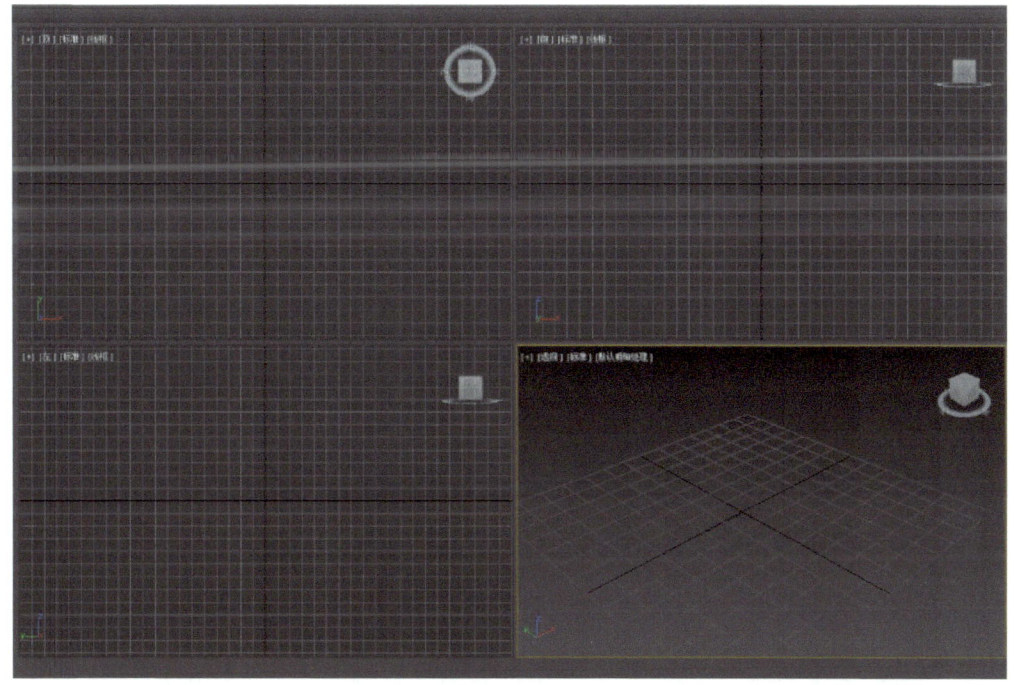

图 2.1-37

③视图标签:在视图左上角显示标签。可以通过右键单击视图标签来显示视图菜单,以便控制视图的多个方面。

④动态调整视图的大小:可以调整四个视图的大小,它们可以以不同的比例显示。要恢复到原始布局,右键单击分隔线的交叉点并在菜单中选择"重置布局"命令。

⑤世界空间三轴架:三色世界空间三轴架显示在每个视图的左下角。世界空间三个轴的颜色。分别为 X 轴为红色、Y 轴为绿色、Z 轴为蓝色。轴使用同样颜色的标签,三轴架通常指界空间,而无论当前是什么参考坐标系。

⑥对象名称的视图工具。

提示:当在视图中处理对象时,如果将光标停留在任何未选定对象上那么将显示带有对象名称的工具提示。

2.2 3ds Max 2019场景制作流程

1. 创建模型

在 3ds Max 软件中,使用相关工具创建对象并通过修改完成对象模型的制作,这一环节称为建模。好的建模不仅在外形上具有较好的视觉效果,而且在模型网格数上也做到了最大化的优化,有效节约了计算机运算的内存,加快了运算速度。所以在建模过程中,设计者事先要考虑好思路然后再操作。

2．材质

任何一款三维效果图制作软件都会有渲染模块，要想制作出生动逼真的画面，材质的设置是关键，这是最难掌握的部分，需要大量实践经验的积累。

3．灯光

很多画家、摄影家和建筑设计师对光的利用都是严谨的，他们会将对光线的设计纳入自己的作品中。在 3ds Max 软件的场景中，合理的光线设计会给画面带来精美的视觉享受，尤其是在动画场景设计中，光线的设计就显得尤为重要。对于室内设计而言，光线一般包括室外光和室内光两种基本类型。室外光一般指日光穿过玻璃窗投射在室内的光；室内光是指来自室内灯具照明的光源。

注：在 3ds Max 默认的场景中，视口中安排了两处隐藏的灯光为整个场景提供照明，此灯光不提供阴影，当自己建立灯光后，这个隐藏的灯光会自动关闭。在场景中，放置灯光要使用合理的灯光参数和照明角度，控制灯光的主要参数有"强度""阴影""减"。

4．摄影机

在场景中创建摄影机并设置摄影机角度等相关参数，就可以通过视口标签将视图切换为摄影机视图。摄影机所看到的就相当于我们眼睛所看到的，尤其是在动画制作过程中，摄影机的设置尤为重要。

5．输出

渲染输出是 3ds Max 设计流程的最后一个环节，是用户看到的最终效果。渲染输出可以根据不同的情况选择不同的输出品质，可以是单帧的图片格式也可以是多帧的动画格式。渲染的品质和渲染的耗时有着必然的联系，品质越高所需要的渲染时间就越长。

6．保存

场景保存是制作过程中的必要环节，我们可以边制作边保存，以防止停电或者电脑死机带来数据丢失的困扰，也方便我们日后对保存过的场景文件继续操作。

教学小结

本节主要讲述了 3ds Max 软件的界面分布，着重介绍了 2019 版的 3ds Max 界面，主要包括菜单栏、工具栏、视图窗口、创建面板等命令面板，并简要介绍了 3ds Max 软件的场景制作流程。通过本节学习，应初步了解 3ds Max 的软件的界面分布与场景的制作流程。

思考与实践

1. 简述 3ds Max 软件的场景制作流程。
2. 打开自己的电脑上安装的 3ds Max 软件认识基础界面。
3. 在 3ds Max 软件界面中，分别找到样条线创建面板与时间配置窗口。

第 2 部分

3ds Max 创建三维模型

创建三维模型是三维软件设计流程中的第一步,也是极其关键的一步。3ds Max 软件非常便于三维模型的创建,其创建方法分为初级的方法(标准基本体创建、二维样条线编辑、复合对象建模)和高级的方法(可编辑多边形建模),这些都是 3ds Max 软件的常用模型创建方法。通过本章节的多个实例操作,你将掌握三维建模的基础方法,能够制作出你喜欢的模型。

第 3 章
小试牛刀
——3ds Max 的基础建模

3.1 基础模型创建

3.1.1 创建模型基础概述

"创建"面板包含创建新对象的控件,这是构建场景的第一步。尽管对象类型各不相同,但是对于多数对象而言创建过程是一致的。

创建对象:标准基本体或扩展基本体。

"创建"面板>"几何体">"标准基本体"或"扩展基本体">"键盘输入"卷展栏。

要打开"键盘输入"卷展栏,请执行以下操作:

在"标准基本体"或"扩展基本体"的"创建"面板上,单击任何基本体"对象类型"卷展栏按钮(异面体或环形波或软管除外)。

单击"键盘输入"卷展栏,将其打开。在默认情况下,此卷展栏处于关闭状态。

注:"创建方法"卷展栏上的按钮对于键盘输入无效。

要通过键盘创建基本体,请执行以下操作:

在"键盘输入"卷展栏上,用鼠标单击数值字段,然后输入一个数值。

按 Tab 键移动到下一个字段。输入一个值后不要按 Enter 键,要按 Shift+Tab 键反转方向。

在设置完所有字段后,请单击"创建",对象出现在活动视口中。

创建之后,新基本体不受"键盘输入"卷展栏中的数值字段影响。可以在"参数"卷展栏上或在"修改"面板上或创建后立即调整参数值。

"键盘输入"卷展栏包含一组常用的位置字段,标签为 X、Y 和 Z。输入的数值为沿活动构造平面的轴的偏移。加号和减号值相应于这些轴的正负方向,默认设置为 0,即活动栅格的中心,如图 3.1-1 所示。

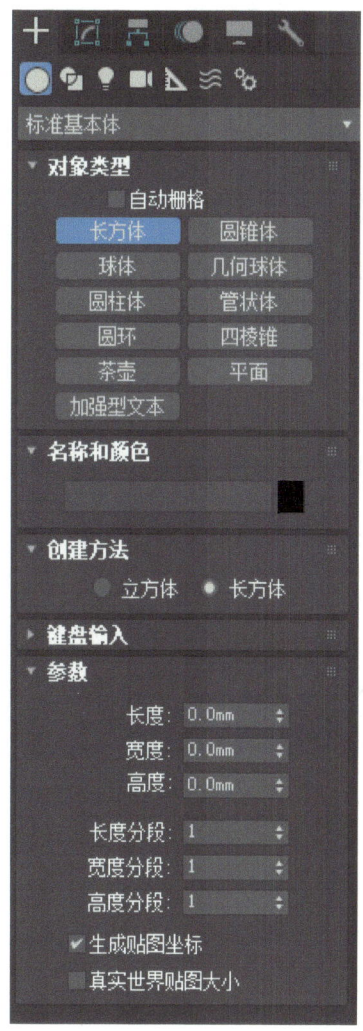

图 3.1-1

每个标准基本体在其"键盘输入"卷展栏上具有以下参数。如表 3.1-1

表3.1-1

基本体	参数	XYZ点
长方体	长度、宽度、高度	底座中心
圆锥体	半径1、半径2、高度	底座中心
球体	半径	中心
几何球体	半径	中心
圆柱体	半径、高度	底座中心
管状体	半径1、半径2、高度	底座中心
圆环	半径1、半径2	中心
四棱锥	宽度、深度、高度	底座中心
茶壶	半径	底座中心
平面	长度、宽度	中心

1. 3ds Max 软件的基础快捷键

（1）视图的基本快捷键

前视图快捷键：F。

顶视图快捷键：T。

左视图快捷键：L。

透视图快捷键：P。

二维视图只有 X 轴和 Y 轴两个方向，三维视图具有 X、Y、Z 轴三个方向。

（2）模型在视图中的显示方式

快捷键 F3：线框与实体之间切换。

快捷键 F4：实体 + 线框显示。

视图最大化显示快捷键：Alt+W。

创建物体：鼠标左键拖拽单击，右键取消。鼠标中键前后滑动可以放大或缩小窗口，按住鼠标中键不动平移鼠标可以移动显示视口。

2. 标准基本体的创建

（1）标准几何体

① Box（长方体） 长方体是 3ds Max 的标准几何体之一，通过输入长、宽、高的数值，可以控制立方体的形状，通过增加片段划分可以产生 Grid 栅格立方体，多用作修改加工的原型物体。

② Cone（锥体） 学习通过 Cone（锥体）命令制作圆锥、圆台、棱锥、棱台，以及它们的局部，这是一个制作能力比较强大的建模工具。

③ Sphere（球体） 学习通过 Sphere（球体）命令制作面状或光滑的球体，也可以制作局部球体（包括半球体）。

④ GeoSphere（几何球体） 几何球体是以三角面相拼接成的球体或半球体，它的长处在于它是由三角面拼接组成的，在进行面的分离特技时（如爆炸），可以分解成三角面或标准四面体，八面体等，无秩序而易混乱。

⑤ Cylinder（柱体） 通过 Cylinder（柱体）命令可以制作棱柱体、圆柱体、局部圆柱或棱柱体。

⑥ Tube（圆管） 通过 Tube（圆管）命令可以创建各种空心圆管物体，包括圆管、棱管以及局部圆管。

⑦ Torus（圆环） 通过 Torus（圆环）命令制作立体的圆环圈，截面为正多边形。通过对正多边形边数、光滑度、旋转等控制来产生不同的圆环效果，切片参数可以制作局部的圆环。

⑧ Pyramid（四棱锥） 学习通过 Pyramid（四棱锥）命令创建四棱锥模型。

⑨ Teapot（茶壶） 通过 Teapot（茶壶）命令创建一只标准的茶壶造型，或者是它的一部分（如壶盖、壶嘴等）。

⑩ Plane（平面） 通过 Plane（平面）命令创建平面物体。

⑪ ShiyiText Plus（加强型文本） 通过 Text Plus（加强型文本）命令快速创建立体文字。

（2）扩展几何体（Extended Primitives）

在 Create（创建）命令面板中，Geometry（几何体目录）项下的下拉菜单中选择

Extended Primitives 扩展图元选项，这时几何体的建立面板上会出现以下项目

① Hedra（异面体） 通过 Hedra（异面体）命令创建各种具备奇特表面组合的多面体，利用它的参数调节，可以制作出种类繁多的造型。

② Torus Knot（环形节） Torus Knot（环形节）命令是扩展几何体中最复杂的一个工具，组合产生的效果不胜枚举，长于创建管状、缠绕、带囊肿类的造型。

③ ChamferBox（切角长方体） 通过 ChamferBox（切角长方体）命令直接产生带倒角的立方体，省去了 Bevel 制作的过程。

④ ChamferCyl（切角圆柱体） 通过 ChamferCyl（切角圆柱体）命令制作带有圆角的柱体。

⑤ OilTank（油罐） 通过 OilTank（油罐）命令制作带有球状凸出顶部的柱体

⑥ Capsule（胶囊） 通过 Capsule（胶囊）命令制作两端带有半球的圆柱体，类似胶囊的形状。

⑦ Spindle（纺锤体） 通过 Spindle（纺锤体）命令制作两端带有圆锥尖顶的柱体，象钻石、笔尖、纺锤等造型。

⑧ L-Ext（L 形墙） 通过 L-Ext（L 形墙）命令建立 L 形夹角的立体墙模型，主要用于建筑快速建模。

⑨ Gengon（球棱柱） 通过 Gengon（球棱柱）命令制作带有倒角棱的柱体，直接在柱体的边棱上产生光滑的倒角。

⑩ C-Ext（C 形墙） 通过 C-Ext（C 形墙）命令制作 C 形夹角的立体墙模型，主要用于建筑快速建模。

⑪ RingWave（环形波） 通过 RingWave（环形波）命令创建一个不规则边缘的特殊圆环。可以通过设置动画控制它的变形，应用于不同类型的特效动画中。

⑫ Hose（软管） 软管是一种可以连接在两个物体之间的可变形物体。

⑬ Prism（棱柱） 通过 Prism（棱柱）命令制作等腰和不等边三棱柱体。

3. 尝试创建如图 3.1-2 所示的标准基本体与扩展基本体的组合模型

图 3.1-2

3.1.2 实例一 椅子模型制作

图 3.1-3

1. 实训目的与要求

掌握 3ds Max 软件的移动复制建模方法，通过标准基本体与扩展基本体的创建，结合常用工具的使用，完成如图 3.1-3 所示椅子模型的创建。

2. 实训内容

（1）掌握 3ds Max 软件的复制建模方法。

（2）掌握模型坐标归零的方法。

（3）掌握对齐命令的运用。

（4）创建的模型比例适当、效果美观。

3. 实训技巧

（1）【长方体】工具可以用来制作正六面体或矩形。其中，用长、宽、高的参数控制立方体的形状，如果只输入其中的两个数值，则产生矩形平面。片段的划分可以产生栅格长方体，多用作修改加工的原型物体，如波浪平面、山脉地形等。

配合 Ctrl 键可以建立正方形底面的立方体。

在【创建方法】卷展栏下选中【立方体】单选按钮可以直接创建正方体模型。

（2）使用【选择并缩放】弹出按钮上的【选择并均匀缩放】按钮，可以沿所有三个轴以同量缩放对象，同时保持对象的原始比例。【选择并缩放】弹出按钮选项如图 3.1-4 所示。

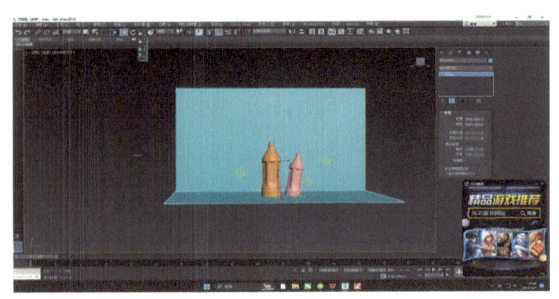

图 3.1-4

主工具栏上的【选择并缩放】弹出按钮提供了对用于更改对象大小的三种工具的访问。

从上到下分别为：【选择并均匀缩放】【选择并非均匀缩放】【选择并挤压】。此外，【缩放】命令在四元（右键单击）菜单的【编辑】菜单和【变换】区域中可用，选择此命令激活当前在弹出按钮中选择的任何一个缩放工具。

注意：【智能缩放】命令激活【选择并缩放】功能，并在重复使用时通过可用的缩放方法循环。默认情况下，将【智能缩放】指定给 R 键，可以使用自定义用户界面将其指定给不同的键盘快捷键、菜单等。

（3）【克隆选项】对话框中，【对象】有三个选项"复制""实例""参考"，这三项都可以复制出相应的图形，那它们有什么区别吗？

【复制选项】对话框如图 3.1-5 所示。

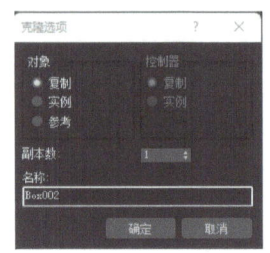

图 3.1-5

①复制：选择此单选钮复制出的对象与原对象完全独立，对复制的对象或原对象做任何修改都不会互相影响。

②实例：复制的对象与原对象相互关联，对复制的对象或原对象中的任一个对象做任何修改，都会影响到其他对象的。

③参考：复制的对象是原对象的参考对象，对复制的对象做修改不会影响原对象；对原对象的修改会影响到复制的对象，复制的对象会随原对象的改变而发生变化。

4. 实训操作步骤

Step 1 创建切角长方体。单击顶视图，选择"+"创建面板，在几何体中选择扩展基本体选项，单击切角长方体，在顶视图单击鼠标左键进行 2 次拖拽，创建出一个切角长方体作为椅面，在修改面板调整切角长方体的参数如下：长度为 600.0 mm，宽度为 600.0 mm，高度为 50.0 mm，圆角为 16.0 mm，圆角分段为 3。如图 3.1-6 所示。

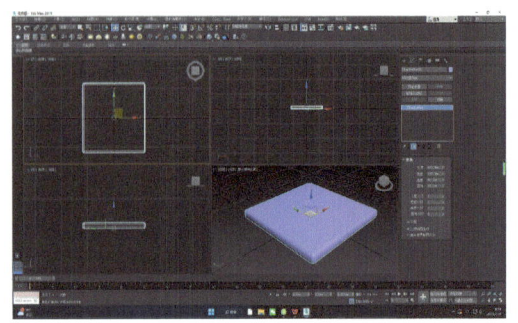

图 3.1-6

Step 2 单击移动工具，在坐标显示区找到 X、Y、Z 坐标参数，选择 X 坐标字段中的值，然后输入 0（也可使用鼠标右键单击微调器的箭头），按下 Tab 键。在 Y 坐标字段中输入 0，然后按下 Tab 键。在 Z 坐标字段中输入 0。至此，可将椅子顶面的切角长方体的坐标归零。如图 3.1-7 所示。

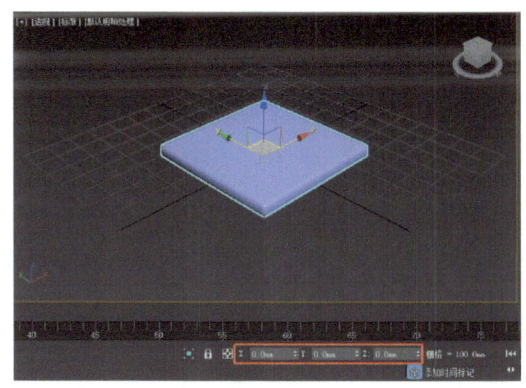

图 3.1-7

Step 3 创建椅腿。单击顶视图，在切角长方体内部创建一个长方体 Box001，具体操作如下：选择创建面板，在几何体中选择标准基本体选项，单击长方体，在顶视图单击鼠标左键进行 2 次拖拽，创建出一个长方体作为椅腿，在修改面板调整切角长方体的参数如下：长度为 60.0 mm，宽度为 60.0 mm，高度为 -700.0 mm。如图 3.1-8 所示。

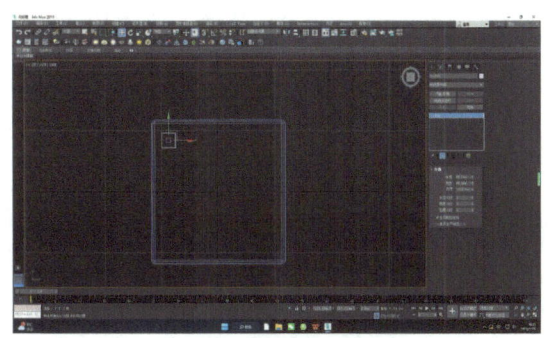

图 3.1-8

Step 4 复制椅腿。按住键盘上的 Shift 键的同时，使用移动工具将创建好的长方体 Box001 沿着 X 轴方向拖拽，在弹出的克隆选项窗口中选择实例，单击确定，生成新的长方体 Box002，至此复制出第二条椅子腿。如图 3.1-9 所示。

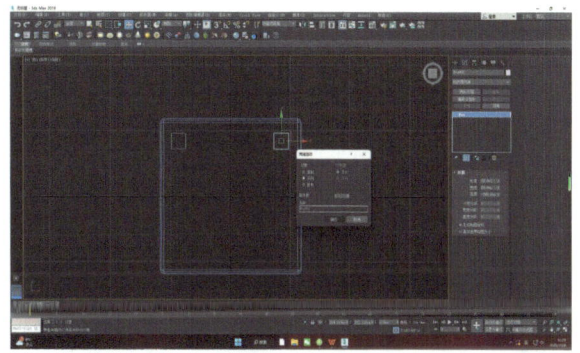

图 3.1-9

Step 5 制作出另外两条椅腿。同时选择刚做好的两条椅子腿，具体操作如下：选择长方体 Box001 的同时，按住键盘上的 Ctrl 键，然后单击长方体 Box002。使用移动工具将选中的长方体 Box001 和 Box002 沿着 Y 轴方向拖拽，在弹出的克隆选项窗口中选择实例，单击确定，至此四条椅腿全部创建完成。如图 3.1-10 所示。

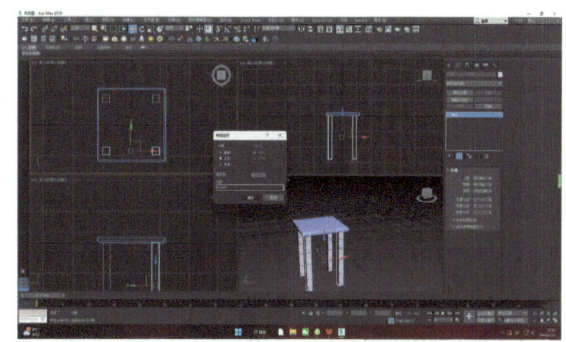

图 3.1-10

Step 6 按键盘上的快捷键 A 打开角度捕捉开关，选择一条制作好的椅子腿，单击旋转工具，按住键盘上的 Shift 键的同时旋转 90°，复制出一个长方体 Box005。如图 3.1-11 所示。

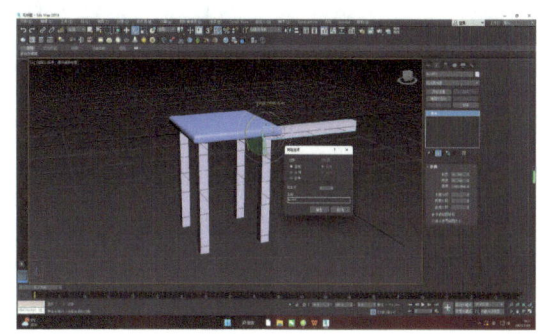

图 3.1-11

Step 7 调整椅子横撑的比例。选择长方体 Box005，单击【缩放】工具，沿着 X 轴缩放，使横撑与两条椅子腿之间的距离吻合。在顶视图中，选择长方体 Box005，移动复制出另一边的横撑。如图 3.1-12 所示。

图 3.1-12

Step 8 制作出另一边的横撑。在顶视图中，选择长方体 Box005，使用移动工具将创建好的长方体 Box005 沿着 Y 轴方向拖拽，在弹出的克隆选项窗口中选择实例，单击【确定】，生成新的长方体 Box006，至此复制出另一边的横撑。如图 3.1-13 所示。

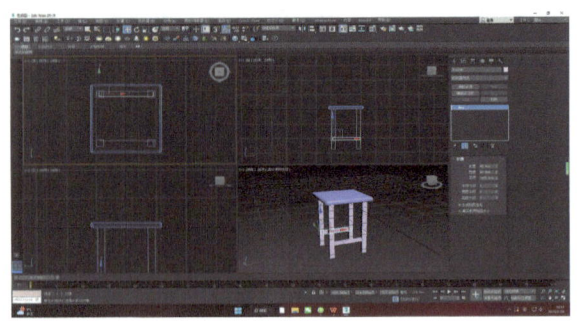

图 3.1-13

Step 9 制作椅背的支撑。选择长方体 Box001，同时按键盘上的 Ctrl 键，加选长方体 Box002 和 Box006，选择移动工具，沿着 Z 轴向上移动复制出椅子背，调整椅子合适的比例大小。使用移动工具将选择的长方体 Box001、Box002 和 Box006，沿着 Z 轴方向拖拽，在弹出的克隆选项窗口中选择【复制】，单击确定，至此复制出椅子背部的支撑。如图 3.1-14 所示。

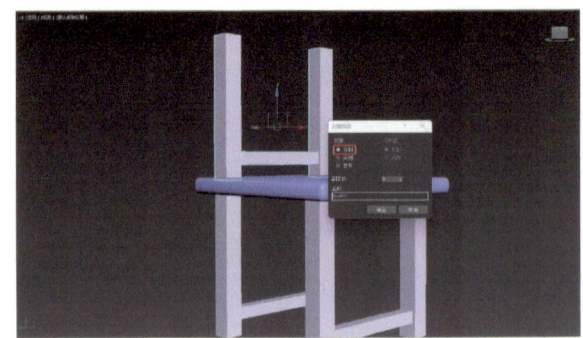

图 3.1-14

Step 10 调整椅背的支撑。选择椅背支撑中的两条支柱，单击【旋转】工具，向后旋转 5°，使用移动工具调整位置使其与椅背支撑中的横撑吻合。如图 3.1-15 所示。

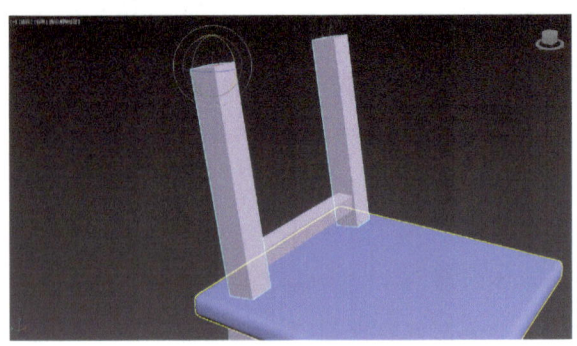

图 3.1-15

Step 11 制作椅背。单击前视图，选择创建面板，在几何体中选择标准基本体选项，单击圆柱体，在前视图单击鼠标左键进行 2 次拖拽，创建出一个圆柱体作为椅背，在参数面板调整圆柱体的参数如下：半径为 310.0 mm，高度为 -90.0 mm，圆角为 10.0 mm，边数为 20.0 mm。勾选【启用切片】，切片起始位置参数设为 180.0。如图 3.1-16 所示。

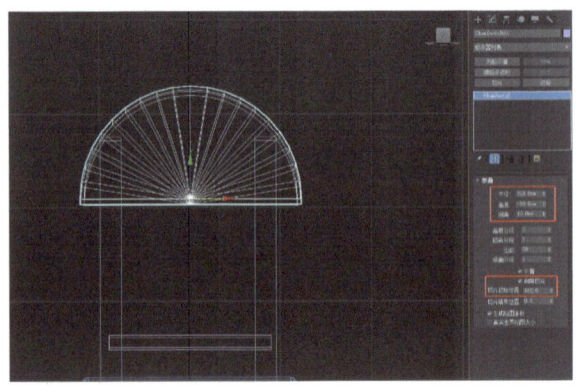

图 3.1-16

Step 11 调整整体效果。观察透视图中椅子的效果，适当调整各部分的位置和比例，预览效果。如图 3.1-17 所示。

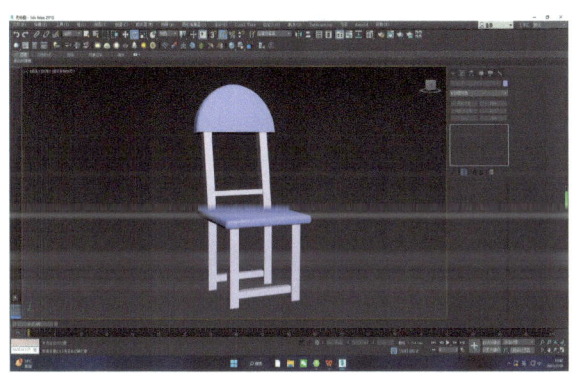

图 3.1-17

教学小结

本节课主要涉及的知识点有：扩展基本体的创建、物体的选择与移动复制、旋转复制、坐标归零。通过椅子模型的制作，学会使用复制建模的操作方法进行组合模型的创建。同学们可以通过这些方法进行桌椅模型的制作。

3.1.3 实例二 糖葫芦模型制作

1. 实训目的与要求

运用 3ds Max 软件的复制建模方法，包括移动复制、旋转复制和缩放复制，结合对齐工具的使用，完成糖葫芦模型的创建。

2. 实训内容

（1）掌握 3ds Max 软件的复制建模方法。
（2）掌握对齐命令的运用。
（3）创建的模型比例适当、效果美观。

3. 实训技巧

【对齐】工具知识链接。

【对齐】工具就是通过移动操作使物体自动与其他对象对齐，所以它在物体之间并没有建立什么特殊的关系。

在【前】视图中创建一个球体、一个圆柱体，并选择球体，在工具栏中单击【对齐】按钮，然后在视图中选择圆柱体对象，可以打开【对齐当前选择】对话框，并使球体在圆柱体的底端对齐。

【对齐当前选择】对话框中各选项的功能说明如下。

【对齐位置】根据当前的参考坐标系来确定对齐的方式。

【X/Y/Z 位置】指定位置对齐依据的轴向，可以单方向对齐，也可以多方向对齐。

【当前对象】/【目标对象】：分别设定当前对象与目标对象对齐的设置。

【最小】以对象表面最靠近另一对象选择点的方式进行对齐。

【中心】以对象中心点与另一对象的选择点进行对齐。

【轴心】以对象的重心点与另一对象的选择点进行对齐。

【最大】以对象表面最远离另一对象选择点的方式进行对齐。

【对齐方向（局部）】指定方向对齐依据的轴向，方向的对齐是根据对象自身坐标系完成的，三个轴向可任意选择。

【匹配比例】将目标对象的缩放比例沿指定的坐标轴向施加到当前对象上。要求目标对象已经进行了缩放修改，系统会记录缩放的比例，将比例值应用到当前对象上。

4. 实训操作步骤

Step 1 单击顶视图，选择创建面板，在几何体中选择标准基本体选项，单击球体，在顶视图单击鼠标左键进行拖拽，球体 Sphere001 半径为 60.0 mm，颜色设为红色。单击移动工具，在坐标显示区找到 X、Y、Z 坐标参数，使用鼠标右键单击微调器的箭头将其坐标归零。如图 3.1-18 所示。

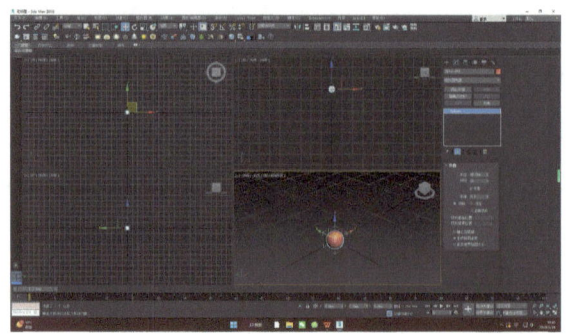

图 3.1-18

Step 2　单击移动工具，按住键盘上的 Shift 键的同时，使用移动工具将 Sphere001 沿着 Z 轴方向拖拽，在弹出的克隆选项窗口中选择实例，副本数设为 5，单击确定。如图 3.1-19 所示。

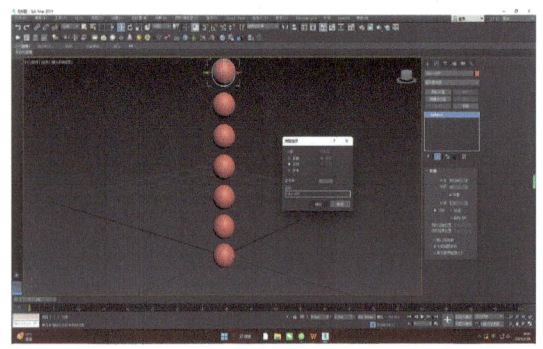

图 3.1-19

Step 3　单击顶视图，选择创建面板，在几何体中选择扩展基本体选项，单击切角圆柱体，在顶视图单击鼠标左键进行 2 次拖拽，创建出一个切角圆柱体作为竹签，在修改面板调整切角长方体的参数如下：半径为 10.0 mm，高度为 1000.0 mm，圆角为 10.0 mm。如图 3.1-20 所示。

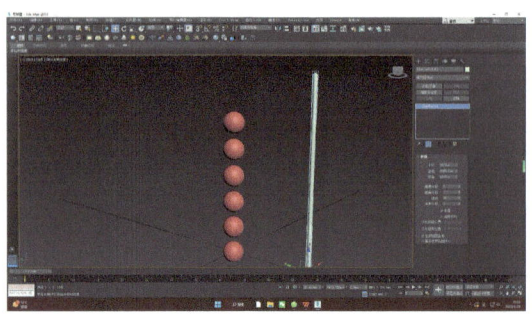

图 3.1-20

Step 4　选择竹签，单击【对齐】，然后单击任意一个红色球体，在弹出的【对齐当前选择】窗口中勾选 X 位置、Y 位置的对齐位置，当前对象的【中心】对齐至目标对象的【中心】。如图 3.1-21 所示。

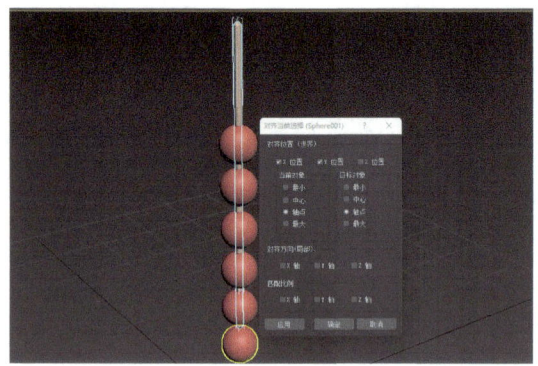

图 3.1-21

Step 4　使用移动工具微调竹签与各个糖葫芦的位置。如图 3.1-22 所示。

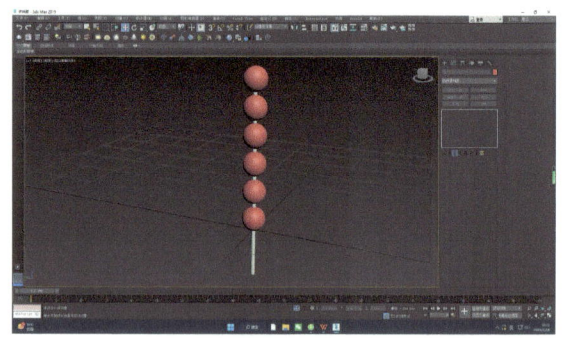

图 3.1-22

Step 6　选择制作完成的整串糖葫芦，单击移动工具，按住键盘上的 Shift 键的同时沿着 X 轴方向拖拽，在弹出的克隆选项窗口中选择【复制】，单击确定。单击缩放工具，逐个调整复制出的糖葫芦模型的大小。如图 3.1-23 所示。

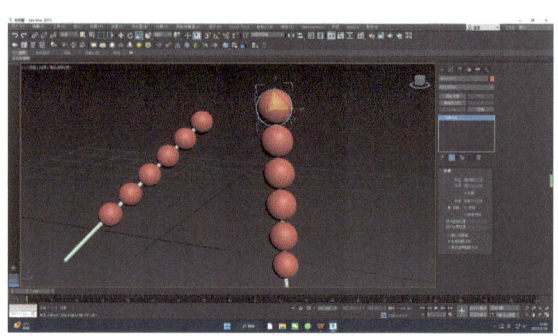

图 3.1-23

教学小结

本节课主要讲述了复制建模的操作方法，包括移动复制、旋转复制和缩放复制，通过糖葫芦模型的制作，学生可以巩固学习复制建模的技巧，并进一步掌握对齐命令的使用方法。

3.1.4 实例三 钟表模型制作

图 3.1-24

1. 实训目的与要求

实训目的：

运用 3ds Max 软件的旋转复制、轴心调整、对齐工具等方法，制作出钟表模型。

实训要求：

（1）创建的模型比例适当。

（2）效果美观。

2. 实训内容

（1）3ds Max 软件的旋转复制建模方法。

（2）轴心调整的方法。

（3）镜像复制工具的运用。

3. 实训技巧

（1）【组】工具菜单知识链接

一些模型比较复杂，我们可以拆分成多个模型来制作，之后再进行组装。

首先，场景中需要有两个以上的对象，然后我们先选择两个以上的对象，然后选择菜单栏的"组"-"组"命令，在弹出的对话框中输入组的名字，单击【确定】即可。

但是如果你要对已经成组的对象进行单独的编辑，则需要将组打开，点击"组"-"打开"命令，即可打开一级（ps：每执行一次只能打开一个对象）点击"打开"命令后群组的外框会变成粉红色，这时就可以对其中的对象进行单独编辑了。

如果你要把一个新的对象加入群组中去，这时候就用到附加了，先选择你要加对象，再单击"组"-"附加"然后单击要加入的群组即可。

当你的群组分了多个层级，但是想一次性全部解开，这时候就需要用到"炸开"命令，选择菜单栏的中"组"-"炸开"命令，即可打开所选择组的所有层级，模型不再包含任何组。

（2）【镜像】工具知识链接

使用镜像复制可方便地制作出物体的反射效果。

【镜像】工具可以移动一个或多个选择的对象沿着指定的坐标轴镜像到另一个方向，同时也可以产生具备多种特性的复制对象。选择要进行镜像复制的对象，选择【工具】【镜像】命令（或者在工具栏中单击【工具】），可以打开【镜像】对话框。

需要注意的是，在我们复制对象时经常会遇到复制选项中【克隆当前选择】【不克隆】【复制】【实例】和【参考】这几个选项，下面是这四个选项的具体释义。

【克隆当前选择】：确定是否复制以及复制的方式。

【不克隆】：只镜像对象，不进行复制。

【复制】：复制一个新的镜像对象。

【实例】：复制一个新的镜像对象，并指定为关联属性，这样改变复制对象将对原始对象也产生作用。

【参考】：产生参考复制对象。

（3）轴心调整方法

建模中，许多命令都是基于物体轴心运作的，比如对齐工具，镜像工具，车削工具等。

轴心的调整需要使用层次面板中的调整轴功能，命令面板如图 3.1-25 所示。

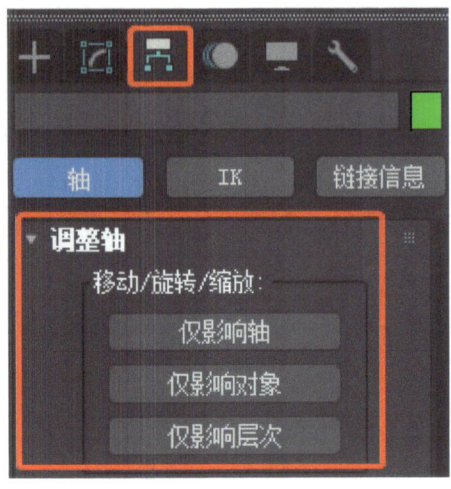

图 3.1-25

①仅影响轴命令是变换仅影响选定对象的轴点最常用的命令。比如点击仅影响轴命令按钮后，可以使用移动，旋转影响轴，可以对齐其他对象，当前对象就和对齐对象的轴点重合，此时再旋转当前对象，就会绕对齐对象旋转。或者不规则形状的对象要贴图，就可以和对齐对象有相同基本参考点，对弧形对象来讲，比如扇子上贴图，这一点很重要。

缩放变换对仅影响轴没有控制能力。在仅影响轴命令下使用缩放变换命令，直接就缩放对象本身了。

②仅影响对象是在物体轴心不变的情况下，通过移动、旋转调整物体本身位置的命令，如制作钟表时需要固定刻度的轴心，然后进行旋转复制出一整圈的刻度。

③仅影响层次命令较为少用，激活这一命令时，只有移动工具的调整对物体生效。

4. 实训操作步骤

Step 1　单击前视图，选择创建面板，在几何体中选择标准基本体选项，单击圆柱体，在前视图单击鼠标左键进行拖拽 2 次，圆柱体 Cylinder001 半径为 400.0 mm，高度为 40.0 mm。单击移动工具，在坐标显示区找到 X、Y、Z 坐标参数，使用鼠标右键单击微调器的箭头将其坐标归零。如图 3.1-26 所示。

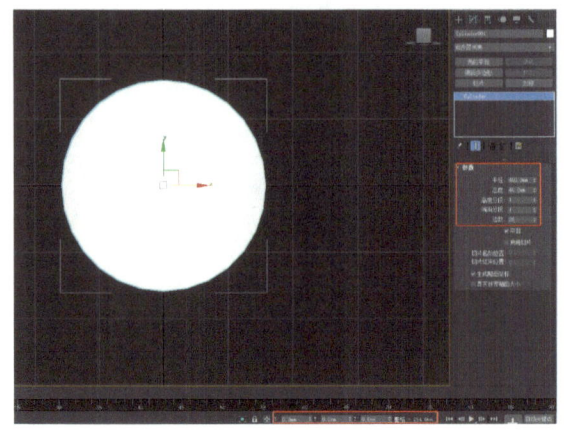

图 3.1-26

Step 2　单击前视图，选择创建面板，在几何体中选择标准基本体选项，单击长方体，在前视图单击鼠标左键进行拖拽 2 次，长方体 Box001 长度为 80.0 mm，宽度、高度为 40.0 mm，高度为 3.0 mm。如图 3.1-27 所示。

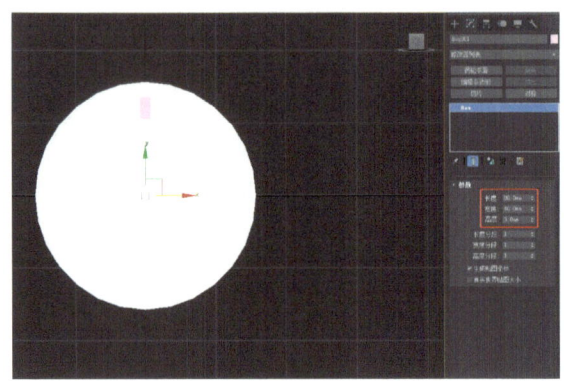

图 3.1-27

Step 3　选择长方体 Box001，单击【层次】面板，单击【仅影响轴】，单击【对齐】工具，选择圆柱体，在弹出的【对齐当前选择】窗口中勾选 X 位置、Y 位置、Z 位置的对齐位置，当前对象的【中心】对齐至目标对象的【中心】。如图 3.1-28 所示。

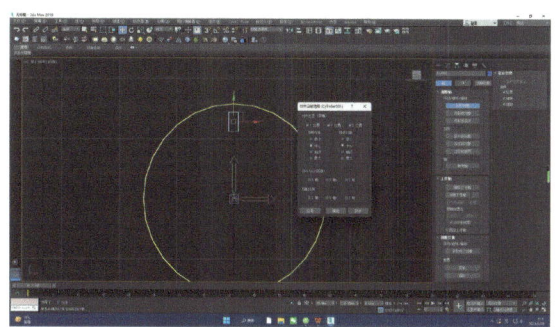

图 3.1-28

Step 4 制作钟表刻度。按快捷键 A 键打开角度捕捉开关，单击旋转工具，按住键盘上的 Shift 键的同时沿着 Z 轴方向（黄色线圈）拖拽旋转 30°，在弹出的克隆选项窗口中选择【实例】，副本数设为 11，单击【确定】。如图 3.1-29 所示。钟表刻度完成的效果，如图 3.1-30 所示。

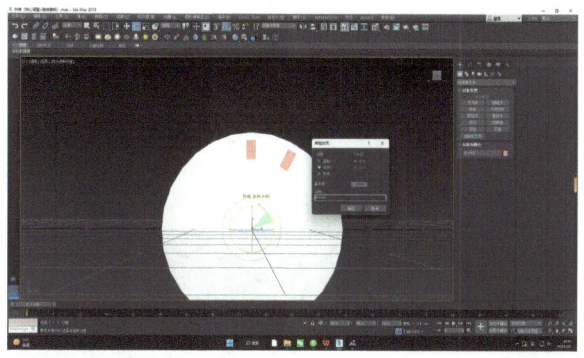

图 3.1-29

图 3.1-30

Step 5 制作指针。单击顶视图，选择创建面板，在几何体中选择扩展基本体选项，单击切角圆柱体，在顶视图单击鼠标左键进行 2 次拖拽，创建出一个切角圆柱体作为指针 001，在修改面板调整切角圆柱体的参数如下：半径为 8.0 mm，高度为 150.0 mm，圆角为 4.0 mm。

如图 3.1-31 所示。

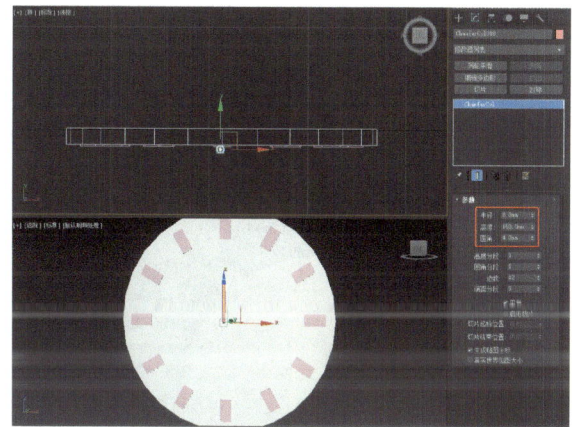

图 3.1-31

Step 6 选择指针 001，单击【对齐】工具，选择圆柱体表盘，在弹出的【对齐当前选择】窗口中勾选 X 位置、Z 位置的对齐位置，当前对象的【中心】对齐至目标对象的【中心】。如图 3.1-32 所示。

图 3.1-32

Step 7 选择指针 001，单击【层次】面板，单击【仅影响对象】，保持轴心不变，使用移动工具沿着 Z 轴将指针向上移动。如图 3.1-33 所示。

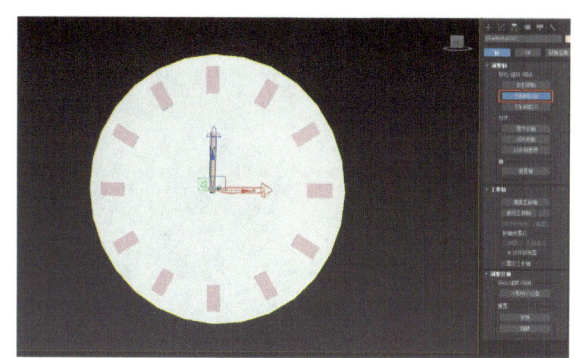

图 3.1-33

Step 8 单击前视图，选择指针 001，单击旋转工具，按住键盘上的 Shift 键的同时沿着 Z 轴方向（黄色线圈）拖拽旋转 90°，在弹出的克隆选项窗口中选择【复制】，使用缩放工具调整指针的长短与粗细。如图 3.1-34 所示。

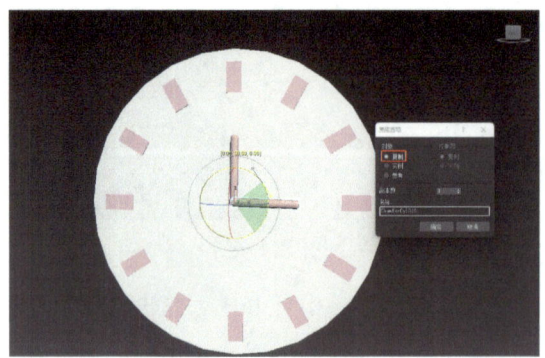

图 3.1-34

Step 9 重复上一步的旋转复制操作，使用缩放工具调整指针的长短与粗细。如图 3.1-35 所示。

图 3.1-35

Step 10 单击前视图，选择创建面板，在几何体中选择标准基本体选项，单击球体，在前视图单击鼠标左键进行拖拽，球体 Sphere001 半径为 16.0 mm，分段为 12，如图 3.1-36 所示。

图 3.1-36

Step 11 选择球体 Sphere001，单击【对齐】工具，选择圆柱体表盘，在弹出的【对齐当前选择】窗口中勾选 X 位置、Z 位置的对齐位置，当前对象的【中心】对齐至目标对象的【中心】。如图 3.1-37 所示。

图 3.1-37

Step 12 单击前视图，选择创建面板，在几何体中选择【标准基本体】选项，单击【管状体】，在前视图单击鼠标左键进行拖拽 3 次，设置管状体 Tube001 半径 1 为 420.0 mm，半径 2 为 365.0 mm，高度为 75.0 mm，边数为 50。如图 3.1-38 所示。

图 3.1-38

Step 13 单击工具栏中【参考坐标系】的下拉菜单，将【视图】改为【局部】。单击移动工具，选择指针 001，按住键盘上的 Shift 键的同时沿着 X 轴方向拖拽，在弹出的【克隆选项】窗口中选择【复制】，单击【确定】。如图 3.1-39 所示。

图 3.1-39

Step 14 选择【创建面板】,在几何体中选择【标准基本体】选项,单击【球体】,单击鼠标左键进行拖拽,球体 Sphere002 半径为 180.0 mm,分段为 22,半球为 0.5。调整半球的位置。如图 3.1-40 所示。

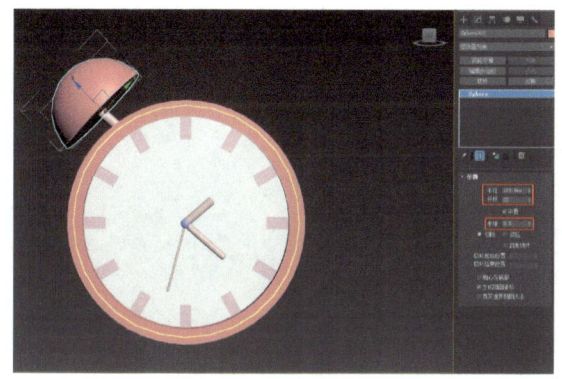

图 3.1-40

Step 15 选择创建面板,在几何体中选择标准基本体选项,单击球体,单击鼠标左键进行拖拽,球体 Sphere003 半径为 40.0 mm,分段为 22 如图 3.1-41 所示。

图 3.1-41

Step 16 选择球体 Sphere003,按住快捷键 Ctrl 键的同时单击选择半球和圆柱体,单击菜单【组】—组 001,单击确定。左上角的"小

耳朵"制作完成。如图 3.1-42 所示。

图 3.1-42

Step 17 单击组 001,单击【镜像】工具,在弹出的【镜像:局部 坐标】窗口中,将镜像轴设为 X 轴,克隆当前选择:复制,偏移距离约 748.0 mm。如图 3.1-43 所示。

图 3.1-43

Step 18 制作钟表支架。单击工具栏中【参考坐标系】的下拉菜单,将【视图】改为【局部】。单击移动工具,选择指针 001,按住键盘上的 Shift 键的同时沿着 X 轴方向拖拽,在弹出的克隆选项窗口中选择【复制】,单击【确定】。使用移动工具和缩放工具分别调整支架 001 的位置和粗细。如图 3.1-44 所示。

图 3.1-44

Step 19 选择支架 001，单击【镜像】工具，在弹出的【镜像：局部 坐标】窗口中，将镜像轴设为 X 轴，克隆当前选择：复制，偏移距离约 -333.0 mm。制作出下方支撑的两个支架。至此，钟表模型制作完成。如图 3.1-45 所示。

图 3.1-45

教学小结

本节课主要讲述了钟表模型的制作流程，配合基础模型的创建、复制建模的方法，进一步学习了物体的轴心调整方法与技巧。同学们可以通过这些方法进行其他模型的制作，尽量做到举一反三。

作业布置与要求

以"我的书桌"为主题运用本节所学的知识制作出自己心目中理想的书桌。

要求：

1. 模型比例适当。
2. 造型具有创意特色。
3. 配色美观，总体效果良好。

3.2 样条线建模

二维图形是由一条或多条样条线组成，而样条线是由顶点和线段组成，所以只要调整顶点的参数及样条线的参数就可以生成复杂的二维图形，利用这些二维图形又可以生成三维模型。

3.2.1 样条线建模的基础知识

1. 3ds Max 软件的样条线建模方法

3ds Max 软件中的样条线主要指包括线、矩形、圆、椭圆、弧、圆环、多边形、星形、文本、螺旋线、卵形等的二维图形。如图 3.2-1 所示。

样条线建模以是线条（如线、矩形、圆形等）为基础，在此基础上施加一个或几个修改器命令，使其生成三维实体模型的建模方式。

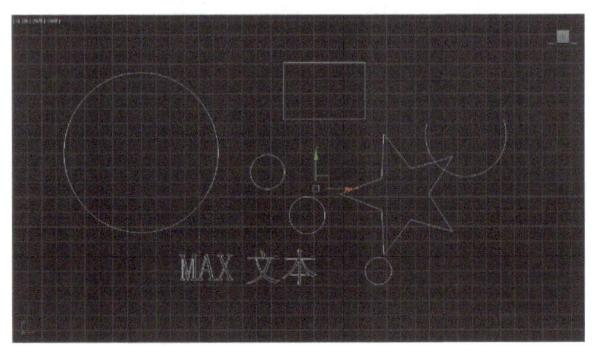

图 3.2-1

2. 样条线的创建与绘制

样条线的创建如同几何体的创建一样，通过创建面板，找到【图形】类别，选择样条线选项进行创建。

图形的创建：【创建】—【图形】—【样条线】—【除线以外的图形】，在视图中单击拖拽创建。如图 3.2-2 所示。

样条线的绘制：【创建】—【图形】—【样条线】—【线】，在视图中单击鼠标左键创建（按"Shift"键可画水平线或垂直线），右键单击结束创建。如图 3.2-3 所示。

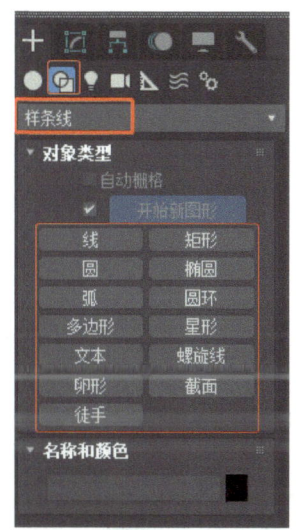

图 3.2-2

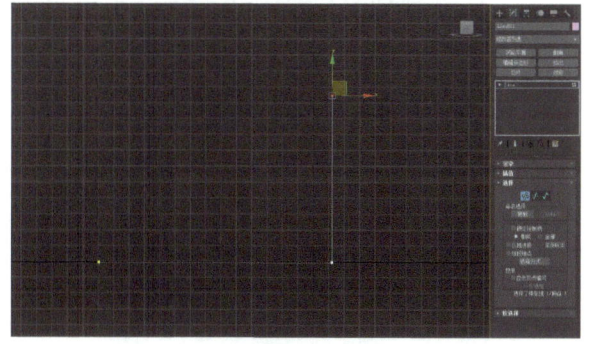

图 3.2-3

3. 样条线的编辑方法

直接使用【图形】工具创建的二维图形无法直接生成三维物体，需要对它们进行编辑修改才可转换为三维物体。

在对二维图形进行编辑修改时。【编辑样条线】修改器是我们的首选工具，它为我们提供了对顶点、分段、样条线 3 个次级物体级别的编辑修改。在对使用【线】工具绘制的图形进行编辑修改时，可以不必为其指定【编辑样条线】修改器。因为它本身包含了与【编辑样条线】相同的参数和命令，不同的是，它还保留一些基本参数的设置，如【渲染】参数、【插值】等参数。

在对二维图形进行编辑修改时，最基本、最常用的就是对【顶点】选择集的修改。通常会对图形进行添加点、移动点、断开点、连接点等操作。以至调整到我们所需要的形状。

当选择【优化】选项后，可以从样条线的直线线段中删除不需要的步长。默认设置为启用。

将二维图形转换为可编辑样条线的方法有以下两种。

（1）选择样条线，然后单击鼠标右键，接着在弹出的菜单中选择"转换为 > 转换为可编辑样条线"命令。

（2）选择样条线，然后在"修改器列表"中为其加载一个"编辑样条线"修改器。

两者的区别：

添加"编辑样条线"修改器的方法，"编辑样条线"修改器可以删除，图形在修改器堆栈依然存在，且创建参数可以进行修改（"参数"卷展栏），如图 3.2-4 所示。

图形直接转换为可编辑样条线的方法，"修改"面板的修改器堆栈中的图形就变成了"可编辑样条线"选项，并且该堆栈不可删除，图形的"参数"卷展栏不存在了，但增加了"渲染""插值""选择""软选择"和"几何体"5 个卷展栏，如图 3.2-5 所示。

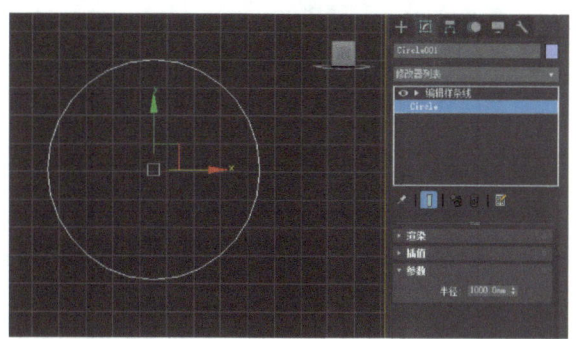

图 3.2-4

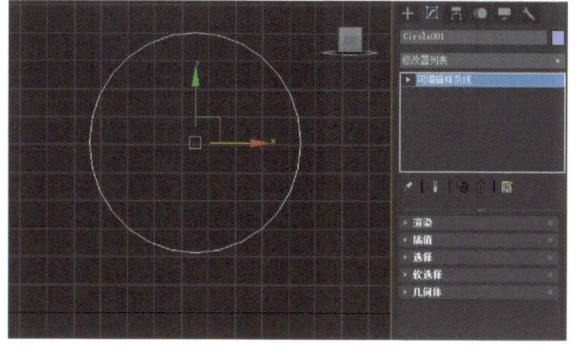

图 3.2-5

编辑样条线可按顶点、分段、样条线三种方式进行编辑。

①顶点层级：焊接、连接、熔合、设为首顶点、圆角、切角，这些命令按钮是顶点层级中独有且常用的命令。如图 3.2-6 所示。

焊接：将同一条样条线上的两个或两个以上的顶点合并为一个顶点。

②线段层级：拆分、分离。这些命令按钮是线段层级中独有且常用的命令。如图 3.2-7 所示。

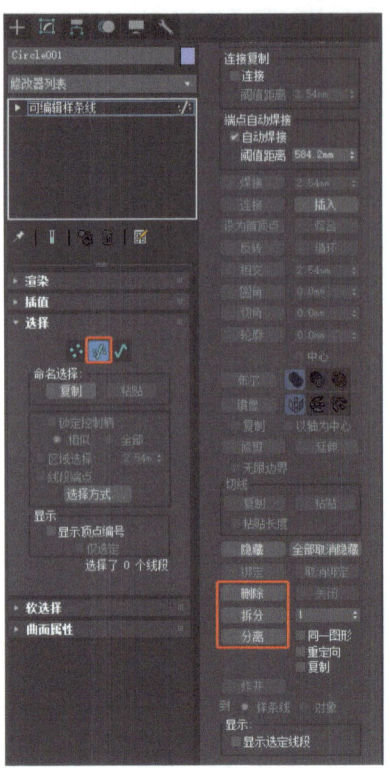

图 3.2-7

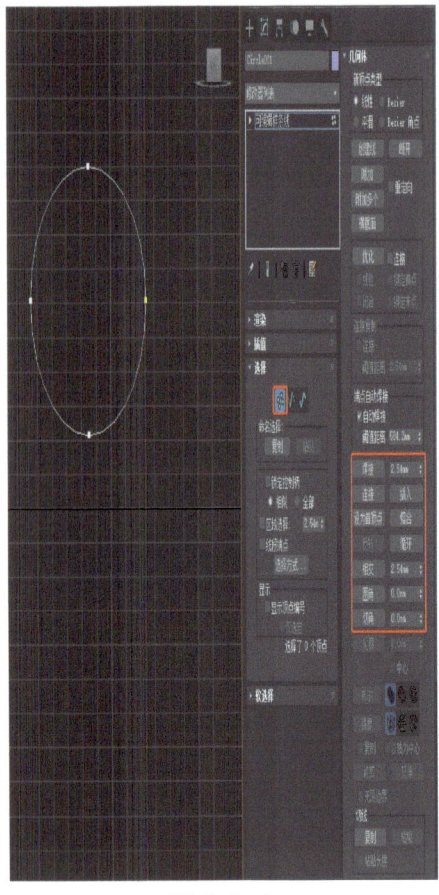

图 3.2-6

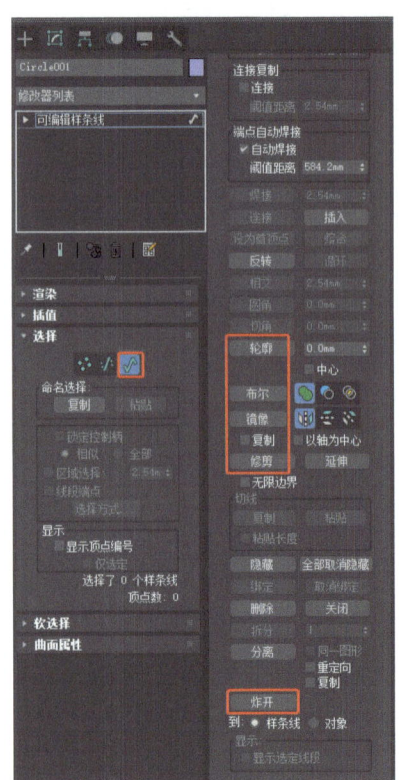

图 3.2-8

③样条线层级：

【轮廓】【布尔】【镜像】【修剪】，这些命令按钮是顶点层级中独有且常用的命令。如图 3.2-8 所示。

轮廓：以选择的样条线为基础，形成双层的轮廓图形。

镜像：沿着轴心进行水平或垂直方向的复制。

4. 修改器的运用

挤出：将样条线沿着垂直图形的方向挤出一定的厚度，形成三维物体。

封闭的线条图形挤出变成了实体，非封闭的线条图形挤出变成了面片。

倒角：相当于"挤出＋轮廓"，挤出一定的厚度，且在挤出的前后面可产生切角效果。

车削：将二维截面进行旋转生成三维实体

倒角剖面：将二维图形作为截面轮廓线，没指定路径生成三维实体。改变轮廓线的起始点将导致不同的倒角剖面效果。

3.2.2 实例一 炮弹模型制作

图 3.2-9

1. 实训目的与要求

运用 3ds Max 软件的样条线编辑工具、轴心调整等方法，制作炮弹模型。

2. 实训内容

（1）样条线的绘制。

（2）轴心的调整。

（3）对齐命令的运用。

3. 实训技巧

（1）样条线渲染设置

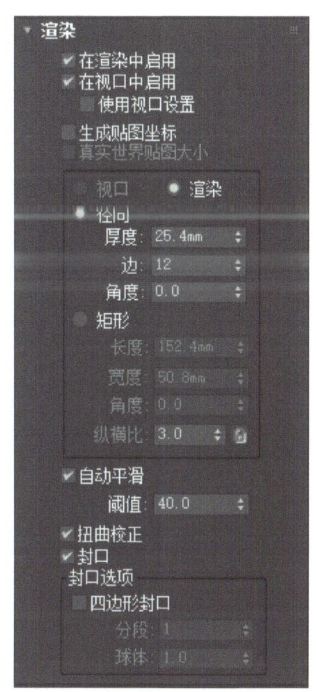

图 3.2-10

【在渲染中启用】启用此项后，将使用指定的参数对图形进行渲染。可以启用和禁用样条线的渲染性、在渲染场景中指定其厚度并应用贴图坐标，启用后，渲染后预览可见，否则不可见（如图 3.2-10）。

【视口】选择此项来设置视口厚度、边数和角度。只有启用"使用视口设置"时，此选项才可用。

【径向】生成的截面为圆形

【矩形】生成的截面为矩形，效果如图 3.2-11 所示。

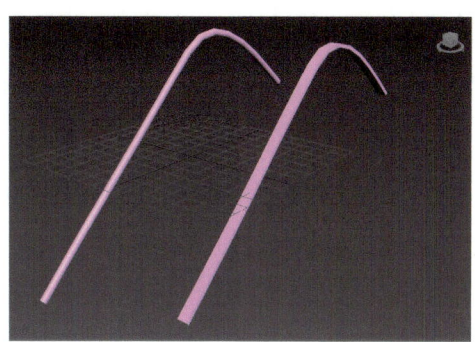

图 3.2-11

【厚度】指定视口或渲染样条线的直径。默认设置为1.0。范围为0.0至100,000,000.0。

【边】在视口或渲染器中为样条线网格设置边数。例如，值为4表示一个方形横截面。

【角度】调整视口或渲染器中横截面的旋转位置。例如，如果拥有方形横截面，则可以使用"角度"将"平面"定位为面朝下。

【生成贴图坐标】启用此项可应用贴图坐标。默认设置为禁用状态。U坐标将围绕样条线的厚度包裹一次；V坐标将沿着样条线的长度进行一次贴图。平铺是使用材质本身的"平铺"参数所获得的。

【使用视口设置】可以为视口设置不同的渲染参数，并显示"视口"设置所生成的网格。只有当启用"显示渲染器网格"时，此选项才可用。

【封口选项】勾选四边形封口即可启用，可在线段两端形成圆滑的效果，如图3.2-12所示。

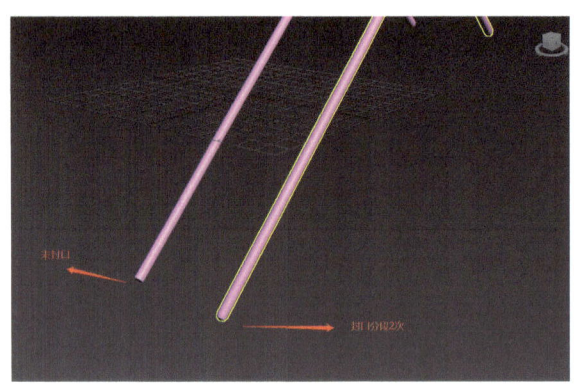

图 3.2-12

（2）样条线插值设置

这些设置可以控制样条线怎样生成。所有样条线曲线划分为近似真实曲线的较小直线。样条线上的每个顶点之间的划分数量称为步长。使用的步长越多，显示的曲线越平滑。

【步长】样条线步长可以启用"自适应"进行自动设置，也可手动指定。当"自适应"处于禁用状态时，使用"步长"字段/微调器可以设置每个顶点之间划分的数目。带有急剧曲线的样条线需要许多步长才能显得平滑，而平缓曲线则需要较少的步长。范围为0至100。

【优化】启用此选项后，可以从样条线的直线线段中删除不需要的步长。启用"自适应"时，"优化"不可用。默认设置为启用。

【自适应】禁用此选项后，可允许使用"优化"和"步长"进行手动插值控制。默认设置为禁用状态。启用此选项后，自适应设置每个样条线的步长数，以生成平滑曲线。

4. 实训操作步骤

Step 1 单击顶视图，创建一个球体，具体操作如下：选择创建面板，在几何体中选择标准基本体选项，单击球体，在顶视图单击鼠标左键进行拖拽创建，球体参数如下：半径为560.0 mm，分段为32，颜色设为黑色。如图3.2-13所示。

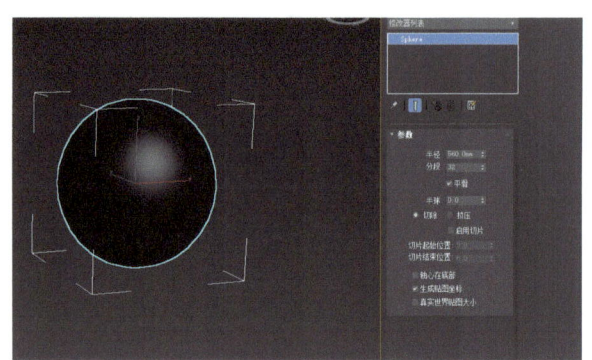

图 3.2-13

Step 2 单击顶视图，创建一个管状体。具体操作如下：选择创建面板，在几何体中选择标准基本体选项，单击管状体，在顶视图单击鼠标左键进行拖拽2次，参数如下："半径1"为170.0 mm，"半径2"为50.0 mm，"高度"为80.0 mm，"边数"为18，颜色设为灰色。位置置于球体正上方。如图3.2-14所示。

第 2 部分　3ds Max 创建三维模型

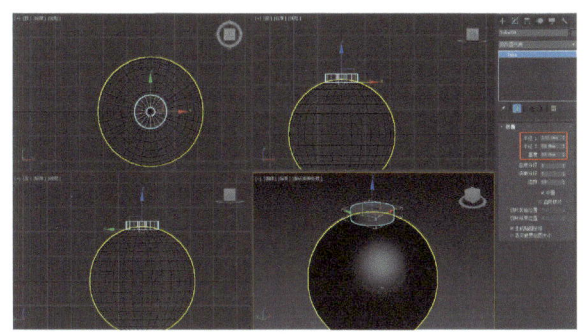

图 3.2-14

Step 3　单击前视图，创建—图形—样条线，绘制一根曲线。如图 3.2-15 所示。

图 3.2-15

Step 4　单击修改面板，进入样条线的【顶点】子层级，选择顶点，使用移动工具调整顶点的位置。如图 3.2-16 所示。

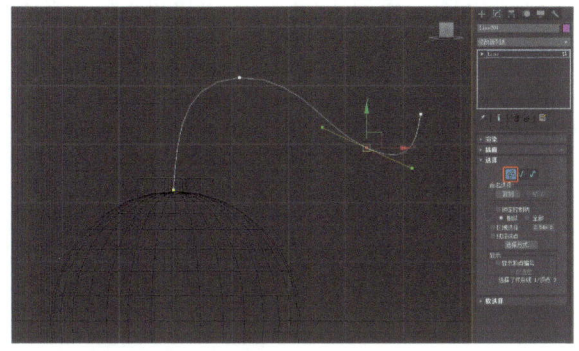

图 3.2-16

Step 5　在修改面板，展开【渲染】面板，勾选在视口中启用、在渲染中启用。渲染类型设为径向，厚度为 40.0 mm，边为 42.0 mm。封口选项中，勾选【四边形封口】，分段为 2。展开【插值】面板，优化步数设为 10。如图 3.2-17 所示。

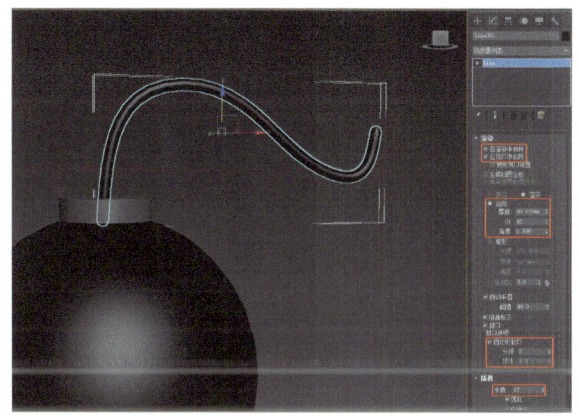

图 3.2-17

Step 6　搭建环境。单击顶视图，创建—几何体—标准基本体—平面，绘制一个平面。使用移动工具调整其位置在炮弹下方。单击旋转工具，按 A 键打开角度捕捉开关，按 Shift 键的同时旋转 90°，调整好位置。环境搭建完成。预览效果。如图 3.2-18 所示。

图 3.2-18

教学小结

本节主要讲述了炮弹模型的制作流程，结合球体、管状体模型的创建，进一步学习了样条线的绘制与渲染设置方法，结合对齐工具的技巧，完成整个模型的创建，并初次进行了场景环境的搭建。

3.2.3　实例二　酒杯模型制作

1. 实训目的与要求

运用 3ds Max 软件的样条线编辑工具、结合车削修改器的运用，制作酒杯模型。

要求：

（1）掌握参考图的导入方法。

（2）掌握车削修改器的原理。

2. 实训内容

（1）样条线的绘制。

（2）车削修改器的运用。

3. 实训技巧

（1）样条线顶点的 4 种状态

对样条线的形状调整，通常需要依靠对顶点的调节，样条线上的顶点具有 4 种状态。若想切换顶点的状态，通常通过选中顶点，鼠标右键单击弹出的快捷菜单中可进行切换。

Bezier 角点——启用此选项时，顶点两侧出现两个相反方向的手柄，可单独调节一侧的手柄，对曲线的弯曲角度进行修改。

Bezier——启用此选项时，顶点将具有 Bezier 切线，顶点两侧出现两个相反方向的手柄，但调节一侧的手柄，另一侧会同时发生改变。

角点——启用此选项时，顶点两侧不出现手柄，顶点连接位置左右两侧的线条变成直线段。

平滑——启用此选项时，顶点两侧不出现手柄，顶点连接位置两侧的线条将自动平滑形成具有自然弧度的曲线。

（2）【车削】修改器知识链接

【车削】修改器可以通过旋转二维图形产生三维造型。其原理是围绕创建好的剖面图形中心旋转 360°得到一个三维模型。

【焊接内核】将轴中间的顶点进行焊接精减，得到结构更精简和平滑无缝的模型。如果要作为变形对象，不能将此项打开。

【分段】用以设置旋转圆周上的片段划分数，值越高，模型越平滑。【方向】选项组中的 X、Y、Z 用以分别设置不同的轴向。

【对齐】选项组中包括【最小】、【中心】以及【最大】三个选项，其功能分别如下。【最小】：将曲线内边界与中心轴对齐。【中心】：将曲线中心与中心轴对齐。【最大】：将曲线外边界与中心轴对齐。

4. 实训操作步骤

Step 1 在前视图创建一个平面 Plane001，设置其大小与要创建的酒杯参考图大小一致，长度 4000.0 mm，宽度 3200.0 mm。如图 3.2-19 所示。

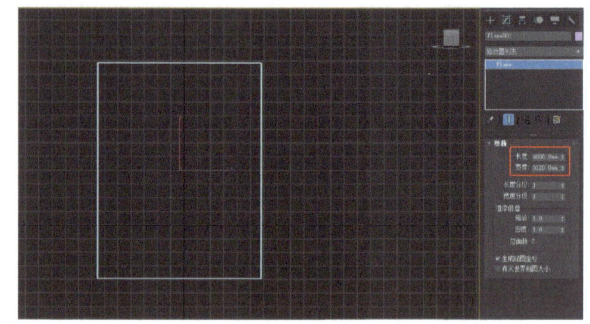

图 3.2-19

Step 2 在计算机中打开参考图，将图片拖拽至透视图窗口中的平面 Plane001 内，实体显示参考图。如图 3.2-20 所示。

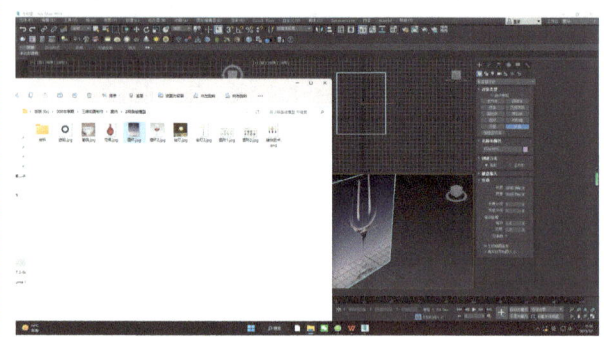

图 3.2-20

Step 3 单击前视图，将视图的显示模式由【线框】改为【默认明暗处理】。单击【创建面板】，创建一图形一样条线一线，参考图片中酒杯的外形绘制酒杯的轮廓线，通过样条线的顶点层级调整轮廓线的形状。如图 3.2-21 所示。

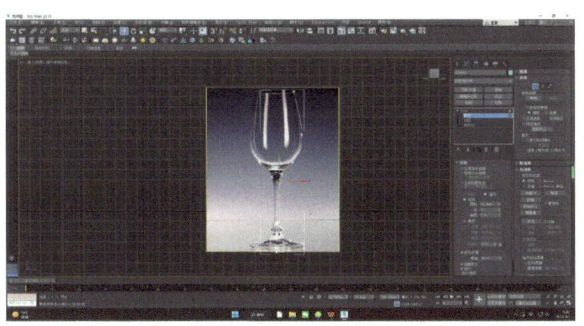

图 3.2-21

Step 4 单击修改面板,单击修改器列表,选择加载【车削】修改器,车削轴的方向:X 轴,对齐:最小。预览酒杯模型效果。如图 3.2-22 所示。

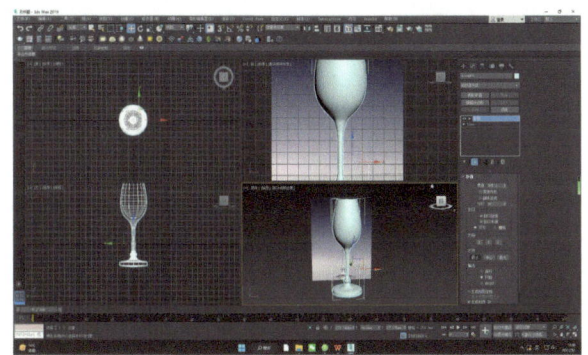

图 3.2-22

教学小结

本节主要讲述了酒杯模型的制作流程,进一步学习了样条线的编辑方法,包括顶点的 4 种状态的调节,结合车削修改器的应用技巧,完成整个模型的创建。

3.2.4 实例三 立体文字制作

1. 实训目的与要求

(1)实训目的

运用 3ds Max 软件的文本工具、样条线编辑、挤出等修改器调整的方法,制作立体文字模型。

(2)实训要求

①样条线绘制的线条形状得当。

②整体效果美观。

2. 实训内容

(1)样条线的绘制。

(2)挤出修改器的运用。

(3)倒角修改器的运用。

(4)扫描修改器的运用。

3. 实训技巧

(1)创建文本

选择创建命令面板,选择图形子面板,单击对象类型卷展栏中的"文本"按钮,在文本框中输入文本,在任意视图中单击,就可以创建文本(如图 3.2-23)。

在参数卷展栏中可以设置文本的字体、大小、字间距、行间距等文本参数。

图 3.2-23

(2)【线】工具使用小技巧

【线】工具可以绘制任何形状的封闭或开放型曲线(包括直线)。在绘制线条时,当线条的终点与第一个节点重合时,系统会询问是否关闭图形;若单击【是】按钮时即可创建一个封闭的图形;如果单击【否】按钮,则继续创建线条。在创建线条时,通过按住鼠标拖动,可以创建曲线。

节点的调整有 4 种类型,它们分别为:【Bezier 角点】【Bezier】【角点】【平滑】,其中【Bezier 角点】是一种比较常用的节点类型,通过分别对它的两个控制手柄进行调节,可以灵活控制曲线的曲率。其他 4 种功能如下:

Bezier:通过调整节点的控制手柄来改变曲线的曲率,以达到修改样条曲线的目的,它没有【Bezier角点】调节起来灵活。

【角点】：使各点之间的【步数】按线性、均匀方式分布，也就是直线连接。

【平滑】：该属性决定了经过该节点的曲线为平滑曲线。

(3)【挤出】修改器知识链接

【挤出】修改器可以将二维图形产生一定的厚度，形成三维造型。

4. 实训操作步骤

1. 挤出文字

Step 1 创建文本。单击前视图，创建—图形—文本—"好柿花生"，调整字体为隶书，大小：540.0 mm。如图3.2-24所示。

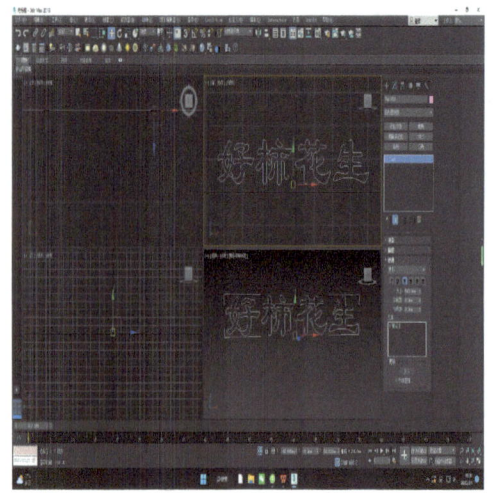

图3.2-24

Step 2 挤出文字。单击修改面板，添加【挤出】修改器，设置挤出数量为50。如图3.2-25所示。

图3.2-25

(2) 倒角文字

Step 1 创建文本—"好柿花生"，步骤同3.2-24。

Step 2 单击修改面板，为"好柿花生"添加【倒角】修改器，设置级别1高度为20，轮廓为8，级别2高度为60，级别3高度为20，轮廓为-8。预览效果。如图3.2-26所示。

图3.2-26

(3) 扫描文字

Step 1 创建文本—"好柿花生"，步骤同3.2-24。

Step 2 单击【修改面板】，为"好柿花生"添加【扫描】修改器或【倒角剖面】修改器。

Step 3 创建剖面图形。单击顶视图，创建一个矩形，作为剖面图形。

Step 4 单击修改面板，选择【扫描】修改器或【倒角剖面】修改器中的【自定义截面】模式，单击【拾取剖面】按钮，在视图中单击矩形。

Step 5 调整和预览效果。如图3.2-27所示。

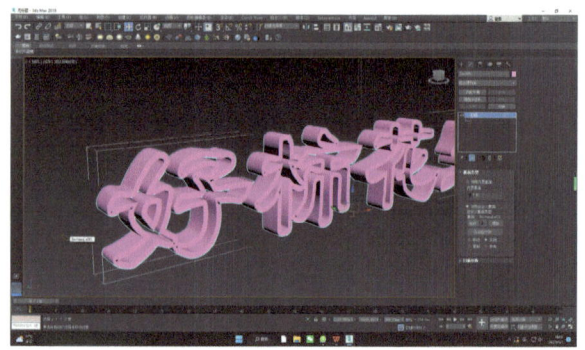

图3.2-27

制作"I love China"立体图形

图 3.2-28

Step 1 单击创建面板,创建—图形—样条线—线,在前视图使用鼠标左键以角点的方式绘制直线,最终闭合样条线,绘制出挤出图形。如图 3.2-29 所示。

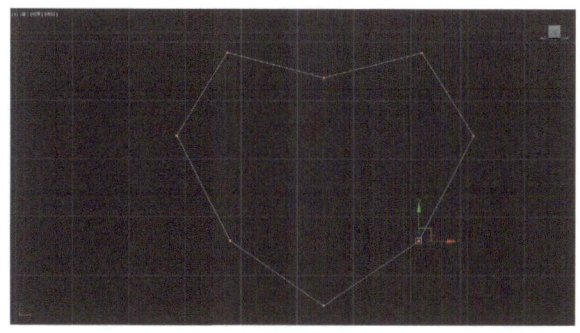

图 3.2-29

Step 2 单击修改面板,选择样条线,进入顶点子层级,分别框选心形左右两侧的三个顶点,鼠标右键单击,在弹出的快捷菜单中,将顶点的状态由【角点】改为【平滑】。如图 3.2-30 所示。

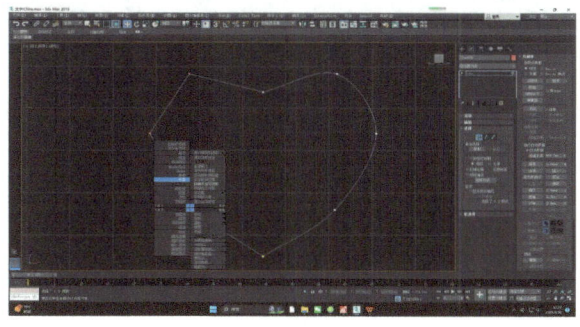

图 3.2-30

Step 3 继续调整心形形状。框选心形中间的两个顶点,鼠标右键单击,在弹出的快捷菜单中,将顶点的状态由【角点】改为【Bizer角点】,以调整线条的弯曲程度。如图 3.2-31 所示。

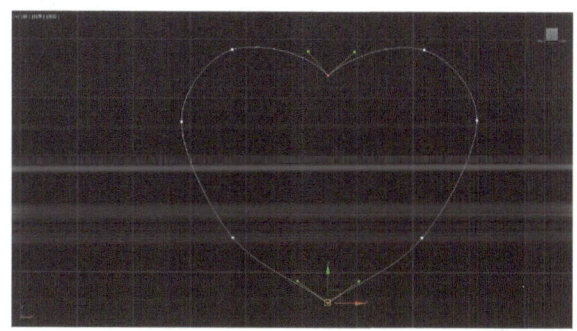

图 3.2-31

Step 4 创建文本"I China"。单击创建面板,创建—图形—文本,在前视图使用鼠标单击创建,文字字体类型:Arial,字体大小:1540,调整好文字之间的距离和位置。如图 3.2-32 所示。

图 3.2-32

Step 5 将文本与图形附加在一起。选择心形图形,单击修改面板,展开几何体面板,单击【附加】按钮,然后单击文本"I China"。如图 3.2-33 所示。

图 3.2-33

Step 6 单击修改面板,展开修改器列表,加载【挤出】修改器,挤出厚度设为 400.0

mm。调整和预览效果，如图 3.2-34 所示。

图 3.2-34

教学小结

本节主要讲述了立体文字的制作流程，主要学习了文本的创建与编辑方法，常用修改器的使用，包括利用【挤出】【倒角】【扫描】修改器，制作出不同的立体图形效果。

3.2.5 实例四　标志制作

1. 实训目的与要求

（1）实训目的

运用 3ds Max 软件的样条线编辑修改器中的样条线层级的布尔命令组合不同的图形效果，结合倒角修改器，制作出三维标志模型。

（2）实训要求

①样条线布尔命令运用熟练。

②模型整体效果美观。

2. 实训内容

（1）样条线的绘制。

（2）布尔命令的运用。

（3）倒角修改器的运用。

3. 实训技巧

样条线【布尔】知识链接

样条线【布尔】—通过执行更改所选择的第一个样条线并删除第二个样条线的 2D 布尔操作，将两个闭合多边形组合在一起。选择第一个样条线，单击"布尔"按钮和需要的操作，然后选择第二个样条线。

注意： 2D 布尔只能在同一平面中的 2D 样条线上使用，通常需要提前将进行布尔的图形附加在一起。

一共有三种布尔操作：

【并集】将两个重叠样条线组合成一个样条线，在该样条线中，重叠的部分被删除，保留两个样条线不重叠的部分，构成一个样条线。

【差集】从第一个样条线中减去与第二个样条线重叠的部分，并删除第二个样条线中剩余的部分。

【相交】仅保留两个样条线的重叠部分，删除两者的不重叠部分。

4. 实训操作步骤

Step 1 在前视图创建一个平面 Plane001，设置其大小与参考图大小类似，长度为 5140.0 mm，宽度为 5240.0 mm。在计算机中打开参考图，将图片拖拽至透视图窗口中的平面 Plane001 内，实体显示参考图。如图 3.2-35 所示。

图 3.2-35

Step 2 单击前视图，将视图的显示模式由【线框】改为【默认明暗处理】。单击创建面板，创建—图形—样条线—圆环，依照参考图中圆环的大小设置圆环 Donut001 的参数，半径 1 为 1726.0 mm，半径 2 为 1215.0 mm。如图 3.2-36 所示。

图 3.2-36

Step 3　单击修改面板，展开圆环 Donut001 的插值参数面板，将插值步数由 6 改为 9。如图 3.2-37 所示。

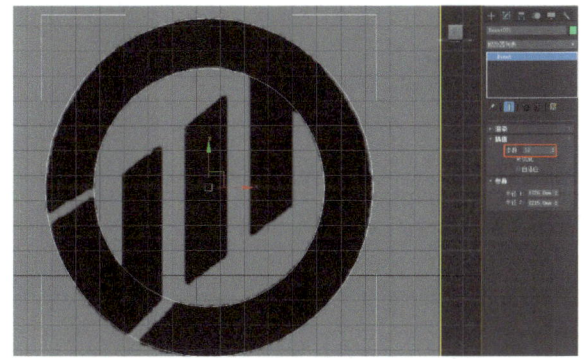

图 3.2-37

Step 4　单击创建面板，创建一图形一样条线一线，在前视图使用鼠标左键以角点的方式绘制直线，最终绘制出平行四边形 Line001。单击移动工具，按住键盘上的 Shift 键的同时沿着 X 轴方向拖拽，在弹出的克隆选项窗口中选择【复制】，副本数为 1，使用移动工具调整复制出的两个平行四边形的位置，再结合样条线的顶点成绩调节平行四边形的形状。如图 3.2-38 所示。

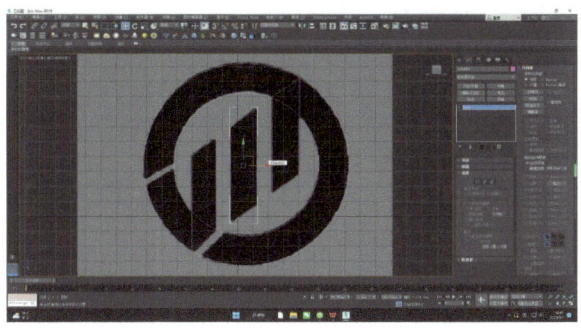

图 3.2-38

Step 5　选择平行四边形 Line001，在其样条线编辑面板中展开几何体选项，单击【附加】按钮，然后单击圆环 Donut001 和其余的两个平行四边形 Line002、Line003，附加完成后图形只有 1 个 Line001，且所有图形的颜色都变为同一种颜色。如图 3.2-39 所示。

图 3.2-39

Step 6　选择图形 Line001，进入其样条线级别，单击"内圆"，在几何体面板找到【布尔】命令，单击布尔【差集】按钮，单击【布尔】，然后在视图中依次单击两个平行四边形图形。如图 3.2-40 所示。

图 3.2-40

Step 7　单击创建面板，创建一图形一样条线一线，在前视图使用鼠标左键以角点的方式绘制直线，最终绘制出参考图中缺口处的两个图形 Line002 和 Line003。如图 3.2-41 所示。

图 3.2-41

Step 8 重复第 5 步的"附加"操作。选择图形 Line001,在其样条线编辑面板中展开几何体选项,单击【附加】按钮,然后单击图形 Line002 和 Line003。如图 3.2-42 所示。

图 3.2-42

Step 9 选择图形 Line001,在样条线级别,先单击"内圆",在几何体面板找到【布尔】命令,单击布尔【并集】按钮,单击【布尔】,然后在视图中依次单击图形 Line002 和 Line003。如图 3.2-43 所示。

图 3.2-43

Step 10 继续进行布尔操作。在样条线级别,先单击"外圆",在几何体面板找到【布尔】命令,单击布尔【差集】按钮,单击【布尔】,然后在视图中依次单击图形 Line002 和 Line003。标志图形的轮廓线绘制完成。如图 3.2-44 所示。

图 3.2-44

Step 11 单击修改面板,为图形 Line001 添加【倒角】修改器,设置级别 1 高度为 30,轮廓为 22,级别 2 高度为 100,级别 3 高度为 30,轮廓为 -22。预览效果。如图 3.2-45 所示。

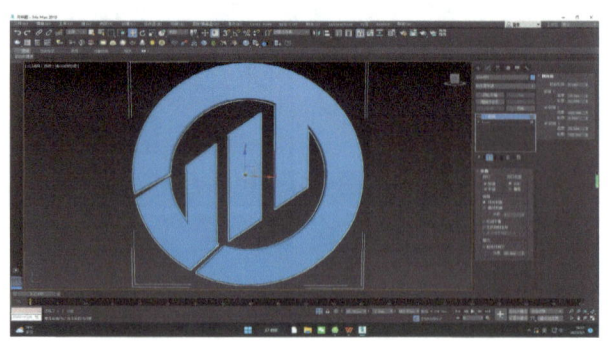

图 3.2-45

教学小结

本节主要讲述了样条线建模的操作方法,包括图形的创建、样条线的创建与编辑、修改器的添加与使用,通过酒杯、立体字和标志等模型的制作,达到对样条线建模方法的熟练掌握。

作业布置与要求

以"我的书签文创"为主题运用所学知识制作出书签等文创产品。

要求:

1. 模型比例适当。
2. 造型及配色得当。
3. 渲染图清晰美观。
4. 提交"源文件+模型效果图"。

3.3 复合对象建模

3.3.1 复合对象建模的基础知识

1. 3ds Max 软件的复合对象建模方法

复合对象建模是一种很特殊的建模方式,只能适用于很小的一部分模型类型。在使用复合对象进行建模时,需要运用到几何体或者样条线。它不像几何体建模那样可以直接进行创建，而是需要在建对象以后再对该象进行编辑，使它产生变化的效果。

使用它的首要条件是：场景中要有对象。

打开方式：创建—几何体—复合对象，复合对象面板命令如图 3.3-1 所示。

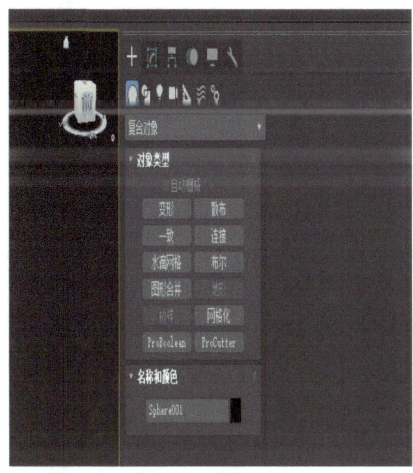

图 3.3-1

2. 复合对象的对象类型

（1）散布工具，它主要用来制作将一类模型随机或者是按照一定规律分布到另一类模型的表面，例如道路上散布的石子、山脉上生长的植物。

（2）一致工具，它可以将某个物体的顶点投射至另一个物体的表面进行创建，它主要用来制作山上盘旋曲折的公路。

（3）水滴网格也是不太常用的，它可以通过几何体或者是粒子创建一组球体，还可以将它们相连。

（4）图形合并需要使用一个三维模型和一个二维的图形，将二维的图像映射到三位模型的表面，使三维模型的表面产生图案。如取圆形，则形图案就映到球体上面了。

（5）布尔和超级布尔用来制作两个三维实体之间的作用，例如抠除、凹陷的效果。一般我们使用超级布尔，因为超级布尔是布尔的升级版。单击【拾取】后再单击绿色的球体就拾取成功了。

3.3.2 实例一 饮料瓶制作

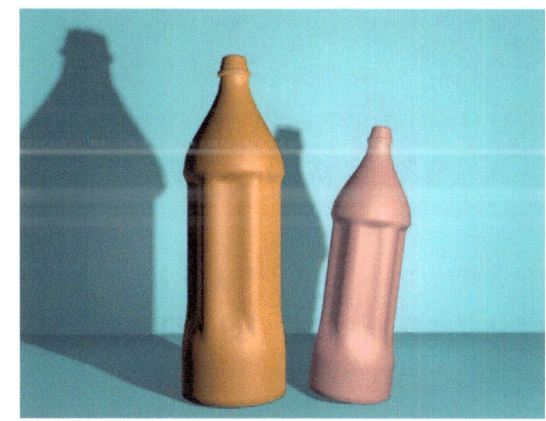

图 3.3-2

1. 实训目的与要求

（1）实训目的

运用 3ds Max 软件的二维图形、复合对象建模中的【放样】工具等调整方法，制作饮料瓶模型。

（2）实训要求

①【放样】工具运用得当。

②饮料瓶整体效果美观。

2. 实训内容

（1）二维图形的绘制。

（2）【放样】工具的运用。

3. 实训技巧

（1）【星形】工具知识链接

【星形】工具可以建立多角星形，尖角可以钝化为圆角，制作齿轮图案；尖角的方向可以扭曲，产生倒刺状锯齿；参数的变换可以产生许多奇特的图案，因为它是可以渲染的，所以即使交叉，也可以制作一些特殊的图案花纹。

【半径1/半径2】：分别设置星形的内径和外径。【点】：设置星形的尖角个数。

【扭曲】：设置尖角的扭曲度。

【圆角半径1/圆角半径2】：分别设置尖角的内外倒角圆半径。

（2）【放样】工具知识链接

【放样】同布尔运算一样，是合成对象的一种建模工具。放样建模的原理就是在一条指定的路径上排列截面，从而形成对象的表面。

放样建模的基本步骤如下：

创建资源型，资源型包括路径和截面图形。

选择一个型，在【创建方法】卷展栏中单击【获取路径】或者【获取图形】按钮并拾取另一个型。如果先选择作为放样路径的型，则选取【获取图形】，然后拾取作为截面图形的样条曲线。如果先选择作为截面的样条曲线，则选取【获取路径】并拾取作为放样路径的样条曲线。

【获取路径】：在先选择图形的情况下获取路径。

【获取图形】：在先选择路径的情况下拾取截面图形。

4. 实训操作步骤

Step 1　创建图形。单击顶视图，创建—图形—样条线—圆形，创建出圆形 Circle001 半径大小为 400.0 mm，插值优化步数为 10。如图 3.3-3 所示。

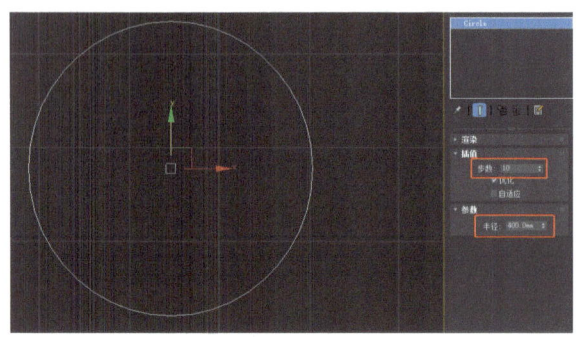

图 3.3-3

Step 2　单击顶视图，创建—图形—样条线—星形，创建一个星形 Star001，半径 1 为 400.0 mm，半径 2 为 300.0 mm，点数为 6，圆角半径 1 为 100.0 mm，圆角半径 2 为 50.0 mm。如图 3.3-4 所示。

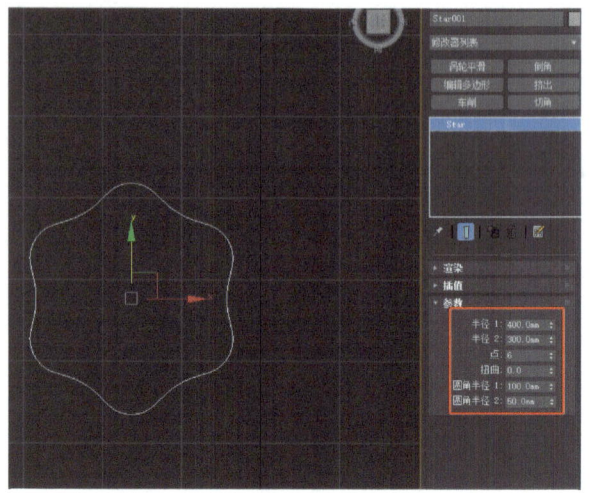

图 3.3-4

Step 3　单击顶视图，创建—图形—样条线—圆形，创建出圆形 Circle002 半径大小为 100.0 mm，插值优化步数为 6。如图 3.3-5 所示。

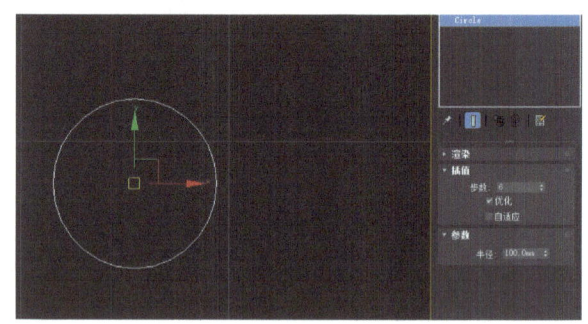

图 3.3-5

Step 4　单击前视图，创建—图形—样条线—线，按住 Shift 键由下向上绘制一根直线 Line001，首顶点在下方。如图 3.3-6 所示。

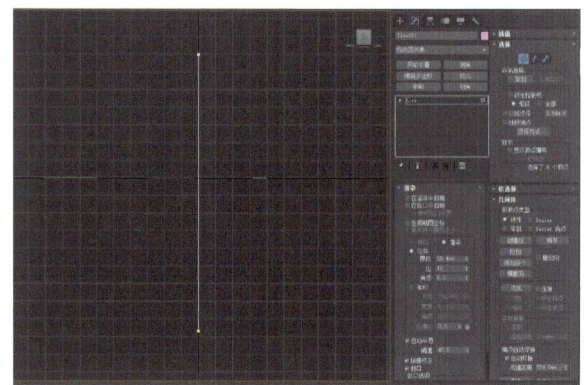

图 3.3-6

Step 5 选择直线Line001，单击创建面板—几何体—复合对象—放样，在【创建方法】一栏中单击【获取图形】，然后单击大圆Circle001。如图3.3-7所示。

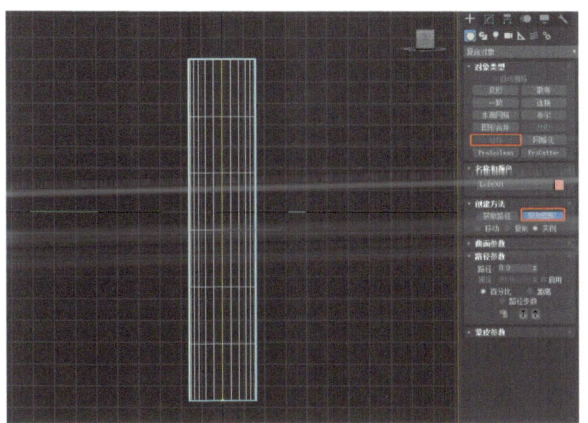

图 3.3-7

Step 6 单击修改面板，调整Loft的【路径参数】，【路径】数值设为5时，单击【获取图形】按钮，再次单击大圆Circle001；将【路径】数值设为20，再次单击【获取图形】按钮，单击星形Star001；将【路径】数值设为60，再次单击【获取图形】按钮，再次单击星形Star001；将【路径】数值设为70，再次单击【获取图形】按钮，再次单击大圆Circle001。效果如图3.3-8所示。

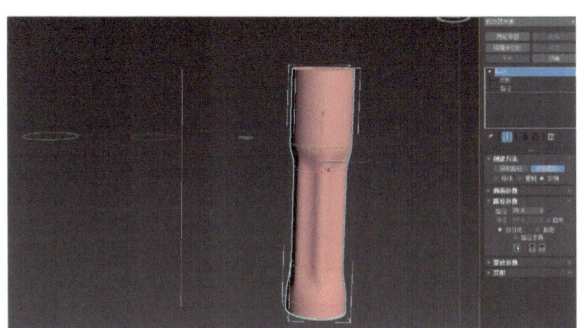

图 3.3-8

Step 7 继续调整路径参数以调整饮料瓶的形状。将【路径】数值设为90，单击【获取图形】按钮，然后单击小圆Circle002；将【路径】数值设为92，单击【获取图形】按钮，再次单击小圆Circle002；将【路径】数值设为94，单击【获取图形】按钮，再次单击小圆Circle002；将【路径】数值设为100，单击【获取图形】按钮，再次单击小圆Circle002。如图3.3-9所示。

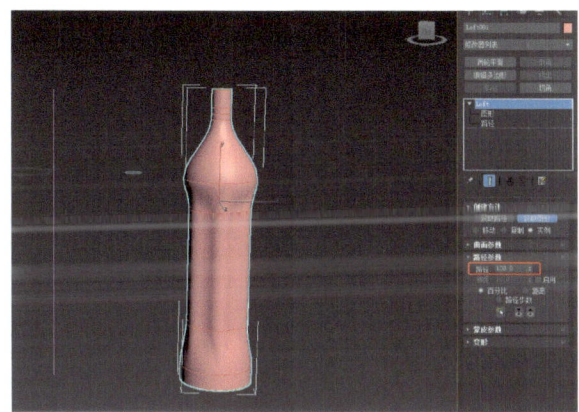

图 3.3-9

Step 8 单击修改面板，单击选择修改器面板中【Loft下拉菜单】中的【图形】，在视图中用鼠标点击路径参数位于92和94的小圆，使用缩放工具进行缩放。效果如图3.3-10所示。

图 3.3-10

Step 9 单击修改面板，在修改器列表中选择【涡轮平滑】修改器，预览最终的饮料瓶效果。如图3.3-11所示。

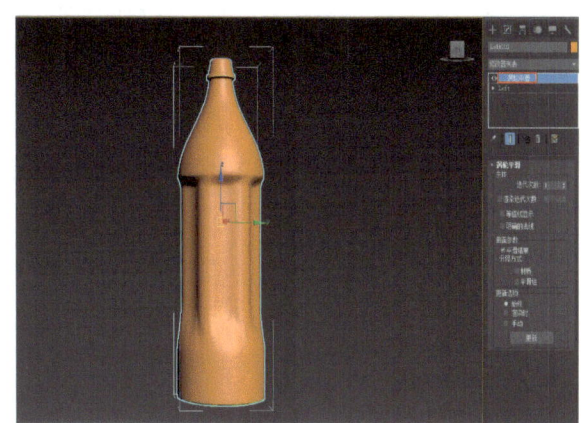

图 3.3-11

教学小结

本节课主要讲述了"放样"这一复合对象建模的操作方法,包括"放样"的基础条件与原理,放样路径的调整方法与使用,通过饮料瓶模型的制作,达到对放样的复合对象建模方法的熟练掌握。

3.3.3 实例二 中国象棋棋子制作

1. 实训目的与要求

(1) 实训目的

运用3ds Max软件的二维图形、【图形合并】工具等调整方法,制作中国象棋棋子的模型。

(2) 实训要求

①【图形合并】工具运用得当。

②中国象棋棋子的整体效果良好。

2. 实训内容

(1) 二维图形的绘制。

(2)【图形合并】工具的运用。

3. 实训技巧

(1)【图形合并】知识链接

① 图形合并:是将一个网格物体和一个或多个几何图形合在一起的合成方式。在合成过程中,几何图形既可深入网格物体内部,影响其表面形态,又可根据其几何外形将除此以外的部分从网格中减去。

② 应用:这种工具常用于在物体表面镂空文字或花纹,或者从复杂的曲面物体上截取部分表面。

(2) 拾取运算对象卷展栏

在使用拾取操作对象面板之前,首先应在视图中选取要进行合并的三维网格物体,然后按下【图形合并】工具按钮,才能进入形体合并命令面板。再单击【拾取图形】命令按钮来选择要进行合并的几何图形。

【拾取图形】:单击该按钮,在场景中选择需要合成的几何图形。该图形便会沿着自身的法线方向投影到三维网格物体上。再次单击该按钮,可拾取另一几何图形。

① 操作对象:在复合对象中列出所有操作对象。第一个操作对象是网格对象,以下是任意数目的基于图形的操作对象。

② 删除图形按钮:从复合对象中删除选中图形。

③ 提取操作对象按钮:提取选中操作对象的副本或实例。

在【操作对象】列表中选择操作对象时,该按钮才可用。

实例/复制:指定如何提取操作对象。

① 操作:该组选项中的参数决定如何将图形应用于网格中。

② "饼切"":可切去网格对象曲面外部的图形。

③ "合并":可将图形与网格对象曲面合并。

④ "反转":可反转"饼切"或"合并"效果。

4. 实训操作步骤

Step 1 创建图形。单击顶视图,创建一几何体—扩展基本体—切角圆柱体,创建出的切角圆柱体ChamferCyl001参数设置如下:半径大小为600.0 mm,高度为300.0 mm,圆角为60.0 mm,高度分段设为3,圆角分段设为2,边数为30,端面分段为8,颜色为R:228,G:184,B:153。如图3.3-12所示。

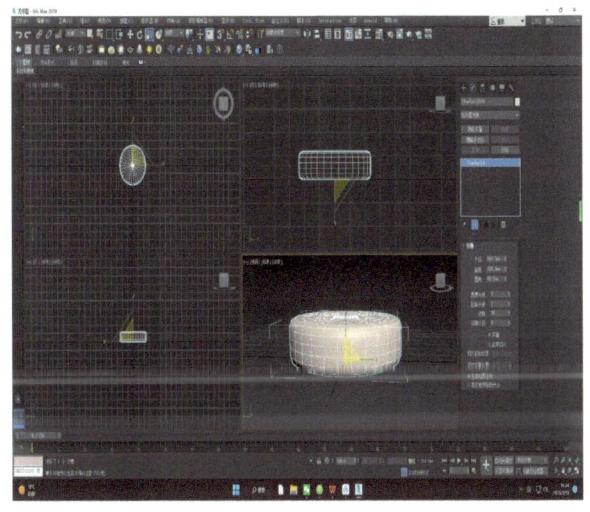

图 3.3-12

Step 2 单击修改面板，展开修改器列表，加载【FFD 圆柱体】修改器，单击【设置尺寸】按钮，在弹出的【设置 FFD 尺寸】窗口中将侧面点数设为 12，尺寸总体参数为 4×12×4。如图 3.3-13 所示。

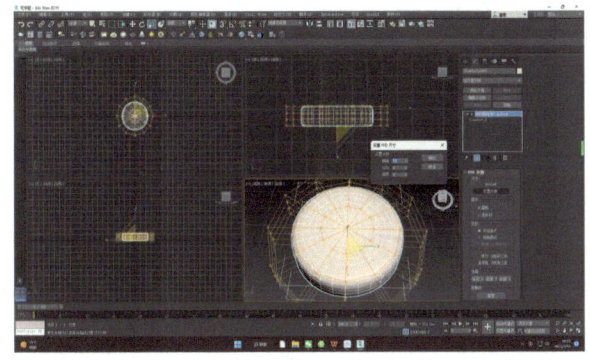

图 3.3-13

Step 3 单击修改面板，展开【FFD（圆柱体）4×12×4】修改器，单击【控制点】，单击前视图，使用缩放工具框选水平方向的中间两排控制点，进行等比例放大。象棋棋子侧面的效果制作完成。如图 3.3-14 所示。

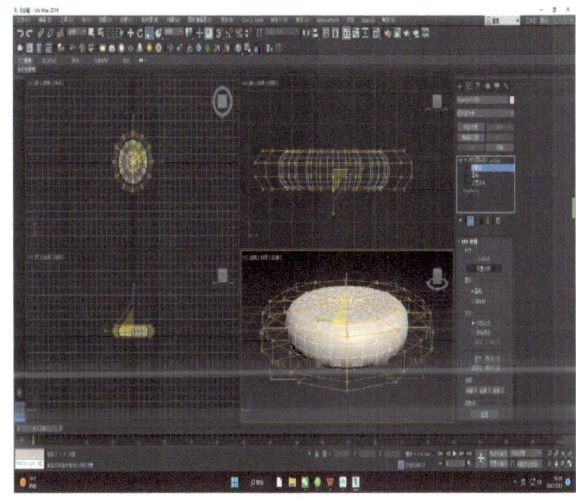

图 3.3-14

Step 4 创建圆环图形和文本"炮"。单击顶视图，单击创建面板，创建—图形—文本"炮"，文字字体类型：方正舒体，字体大小：1000。单击创建面板，创建—图形—样条线—圆环，一个圆环图形 Donut001，半径 1 设为 550.0 mm，半径 2 设为 505.0 mm。将文本"炮"和圆环 Donut001 置于圆柱体 ChamferCyl001 正上方。如图 3.3-15 所示。

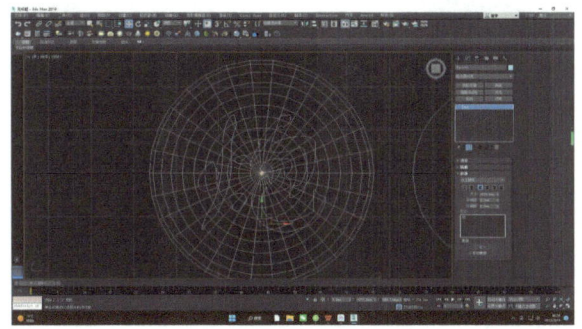

图 3.3-15

Step 5 单击圆柱体 ChamferCyl001，单击创建—几何体—复合对象—图形合并，单击【拾取图形】按钮，在视图中用鼠标左键单击文字"炮"，在修改器列表中加载【面挤出】修改器，数量设为：-0.4。如图 3.3-16 所示。

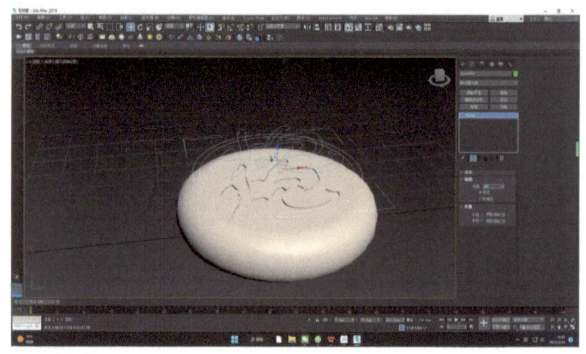

图 3.3-16

Step 6 再次添加图形合并，选择拾取圆环图形。单击圆柱体 ChamferCyl001，单击创建—几何体—复合对象—图形合并，单击【拾取图形】按钮，在视图中用鼠标左键单击圆环图形 Donut001，在修改器列表中加载【面挤出】修改器，数量设为：-0.4。如图 3.3-17 所示。

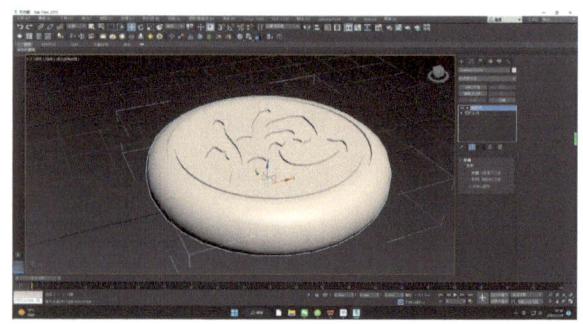

图 3.3-17

Step 7 选择圆环图形 Donut001 和文本"炮"，鼠标右键单击，在弹出的快捷菜单中单击【隐藏选定对象】，在修改器列表加载【涡轮平滑】修改器，迭代次数为 2。预览效果。如图 3.3-18 所示。

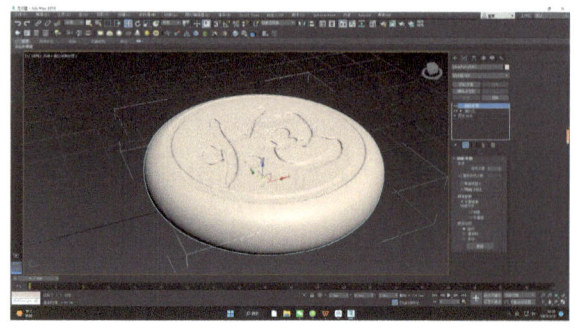

图 3.3-18

教学小结

本节课主要讲述了图形合并这一复合对象建模的操作方法，包括修改器的添加与使用，通过中国象棋棋子模型的制作，达到对图形合并的复合对象建模方法的熟练掌握。

3.3.4 实例三 煤球精灵制作

1. 实训目的与要求

（1）实训目的

运用 3ds Max 软件的三维基本模型、【散布】工具等调整方法，制作煤球精灵的模型。

（2）实训要求

①【散布】工具运用得当。

②煤球精灵的整体效果良好。

2. 实训内容

（1）弯曲、锥化修改器的运用。

（2）【散布】工具的运用。

3. 实训技巧

（1）【锥化】修改器

锥化修改器通过缩放对象几何体的两端产生锥化轮廓；一端放大而另一端缩小。可以在两组轴上控制锥化的量和曲线。也可以对几何体的一段限制锥化。

锥化修改器在"参数"卷展栏的"锥化轴"组框中提供两组轴和一个对称设置。与其他修改器一样，这些轴指向锥化 Gizmo，而不是对象本身。

"锥化"组

数量—缩放扩展的末端。这个量是一个相对值，最大为 10。

曲线—对锥化 Gizmo 的侧面应用曲率，因此影响锥化对象的图形。正值会沿着锥化侧面产生向外的曲线，负值产生向内的曲线。值为 0 时，侧面不变。默认值为 0。

"锥化轴"组

主轴—锥化的中心样条线或中心轴：X、Y 或 Z。默认设置为 Z。

效果—用于表示主轴上的锥化方向的轴或轴对。可用选项取决于主轴的选取。影响轴可以是剩下两个轴的任意一个，或者是它们的合集。如果主轴是 X，影响轴可以是 Y、Z 或 YZ。默认设置为 XY。

对称—围绕主轴产生对称锥化。锥化始终围绕影响轴对称。默认设置为禁用状态。

"限制"组

锥化偏移应用于上下限之间。围绕的几何体不受锥化本身的影响，它会旋转以保持对象完好。

限制效果—对锥化效果启用上下限。

上限—在世界单位设置上部边界，此边界位于锥化中心点上方，超出此边界锥化不再影响几何体。

下限—在世界单位设置下部边界，此边界位于锥化中心点下方，超出此边界锥化不再影响几何体。

（2）【弯曲】修改器

【弯曲】修改器允许将当前选中对象围绕单独轴弯曲 360°，在对象几何体中产生均匀弯曲。可以在任意三个轴上控制弯曲的角度和方向。也可以对几何体的一段限制弯曲。

【角度】参数控制从顶点平面设置要弯曲的角度。范围为 -999999.0~999999.0。

【方向】参数用以设置弯曲相对于水平面的方向。范围为 -999999.0~999999.0

【X/Y/Z】选项用来指定要弯曲的轴。注意此轴位于弯曲 Gizmo 并与选择项不相关。默认设置为 Z 轴。

【限制效果】将限制约束应用于弯曲效果。默认设置为禁用状态。

【上限】以世界单位设置上部边界，此边界位于弯曲中心点上方，超出此边界弯曲不再影响几何体。默认设置为 0。范围为 0~999999.0。

【下限】以世界单位设置下部边界，此边界位于弯曲中心点下方，超出此边界弯曲不再影响几何体。默认设置为 0。范围为 -999999.0~0。

4. 实训操作步骤

Step 1 创建圆柱体。单击顶视图，创建—几何体—标准基本体—圆柱体，创建出的圆柱体 Cylinder001 参数设置如下：半径大小为 100.0 mm，高度为 1500.0 mm，高度分段设为 5，边数为 18。如图 3.3-19 所示。

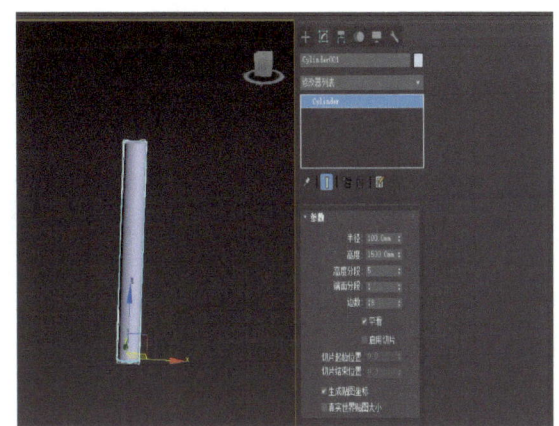

图 3.3-19

Step 2 单击修改面板，展开修改器列表，加载【锥化】修改器，在锥化参数面板调整锥化的数量为 -0.95。如图 3.3-20 所示。

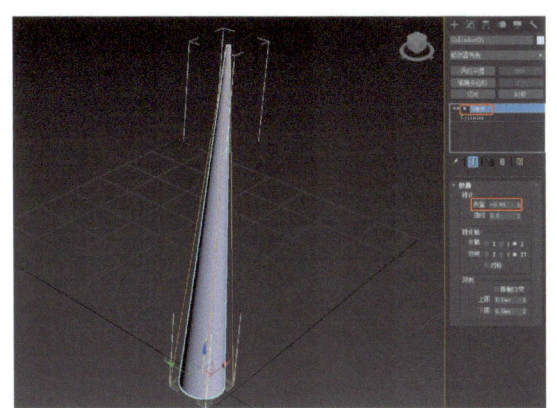

图 3.3-20

Step 3 选择圆柱体Cylinder001，单击修改面板，展开修改器列表，加载【弯曲】修改器，在弯曲参数面板调整弯曲的角度为20°。煤球精灵的一根"头发"的制作完成。如图3.3-21所示。

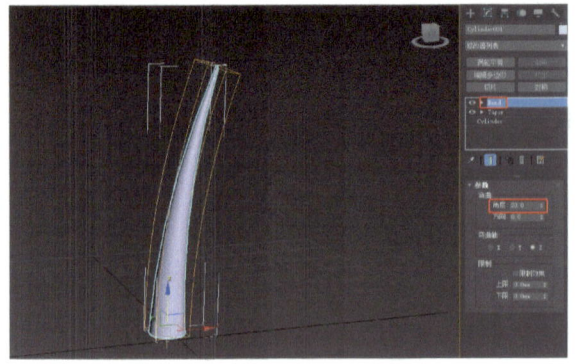

图 3.3-21

Step 4 创建球体。单击顶视图，创建—几何体—标准基本体—球体，创建出的球体Sphere001参数设置如下：半径大小为600.0mm，分段设为32，颜色设为黑色。如图3.3-22所示。

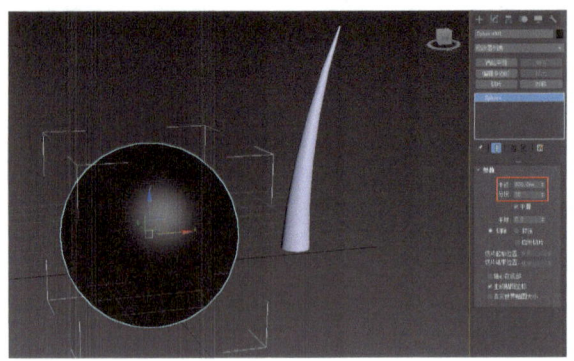

图 3.3-22

Step 5 选择球体Sphere001，单击修改面板，展开修改器列表，加载【编辑多边形】修改器。将视图的显示模式由【默认明暗处理】改为【边面】。如图3.3-23所示。

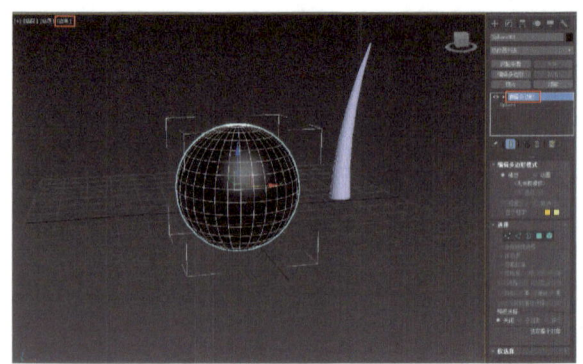

图 3.3-23

Step 6 编辑【编辑多边形】修改器效果。单击修改面板，进入【编辑多边形】修改器的【多边形】子层级，框选部分的球面，效果如图3.3-24所示。

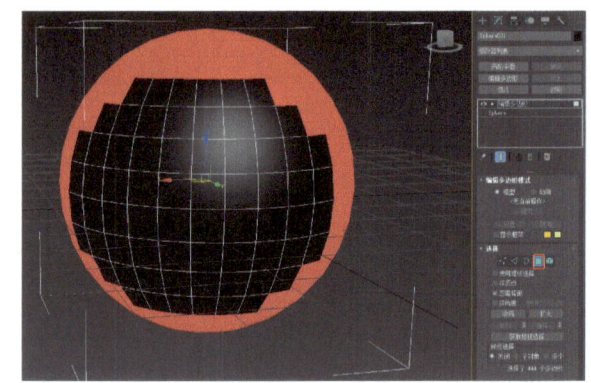

图 3.3-24

Step 7 选择煤球精灵的"头发"圆柱体Cylinder001，单击创建—几何体—复合对象—散布，在【拾取分布对象】面板单击【拾取分布对象】按钮，单击球体Sphere001。在【源对象参数】栏设置【重复数】为80，在【分布对象参数】栏勾选【仅使用选定面】，【分布方式】设为【区域】。预览效果。如图3.3-25所示。

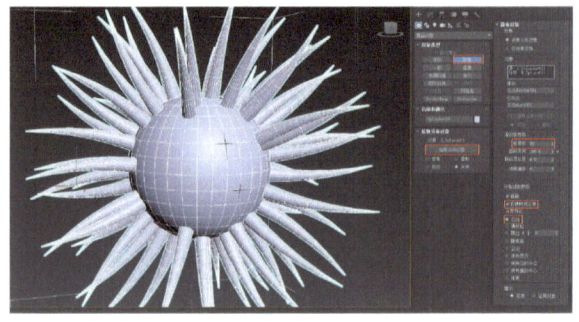

图 3.3-25

Step 8 制作眼睛。创建—几何体—标准基本体—球体，创建出的球体 Sphere002 参数设置如下：半径大小为 120.0 mm，分段设为 32，颜色设为白色，作为眼白。选择球体 Sphere002，按住 Shift 键的同时沿着 Z 轴方向拖拽，在弹出的克隆选项窗口中选择【复制】，单击缩放工具缩小球体 Sphere003 的大小，颜色设为黑色，作为眼珠。选择球体 Sphere002 和球体 Sphere003，单击【镜像】工具，沿着 X 轴复制处另一侧的眼睛。效果如图 3.3-26 所示。

图 3.3-26

教学小结

本节课主要讲述了散布这一复合对象建模的操作方法，主要知识点包括可编辑多边形修改器的添加与简单应用，锥化、弯曲等常用修改器的使用，通过煤球精灵模型的制作，以达到对散布的复合对象建模方法的熟练掌握。

作业布置与要求

使用复合对象建模的方法制作出中国风风格的小场景模型。

要求：

1. 模型比例适当。

2. 造型及配色得当。

3. 渲染图清晰美观。

4. 提交"源文件 + 模型效果图"。

第4章
新手上路
—3ds Max 的高级建模

4.1 可编辑多边形建模

4.1.1 可编辑多边形基础理论

1. 3ds Max 软件的编辑多边形建模方法

高级建模适合那些不能被拆分的物体，尤其是一些生物或是曲面物体。编辑多边形是高级建模的核心。编辑多边形能将多边形或三维模型编辑成我们想要的任何形状。

（1）编辑多边形建模的基本原理

点构成边，边构成面，面构成多边形，多边形构成三维模型。编辑多边形有很多针对顶点、边和多边形的命令。如：挤出、倒角、插入和分离。

（2）高级建模的工作流程：

创建基础模型（基本形体、大型正确）。

编辑模型（细分模型、加工造型）。

网格平滑（进一步自动细分）。

（3）创建可编辑多边形的方法

①在创建的模型上右击转换为可编辑多边形。

②在修改器列表中选择添加可编辑多边形。

2. 多边形的子对象类型介绍

编辑多边形（（editpoly）有5个子对象（子层级）：

顶点、边、边界、多边形和元素，快捷键分别是1、2、3、4、5，如图4.1-1所示。

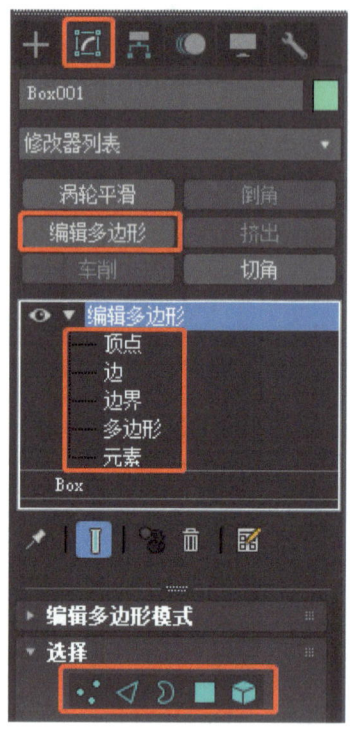

图 4.1-1

（1）"编辑顶点"卷展栏包含用于编辑顶点的命令。主要包括：

【移除】：可删除选择的顶点，并接合使用它们的多边形。

如果选择顶点，按下 Delete 键删除顶点，在网格中会创建一个或多个洞；而"移除"顶点时不会创建孔洞。

【断开】：在选定顶点相连的每个多边形上创建一个新顶点，使多边形的转角相互分开，使它们不再相连于原来的顶点上。

【挤出】：选择顶点后垂直拖动，就可以挤出此顶点。【焊接】：对指定的阈值范围内选定的连续顶点进行合并。使用"焊接"前，要设置"焊接阈值"。

提示：如果几何体区域有很多非常接近的顶点，可使用焊接进行自动简化；要焊接相对较远的顶点，则使用"目标焊接"。

【目标焊接】：可以选择一个顶点，并将它焊接到相邻目标顶点。

【切角】：选择并拖动顶点，在该顶点处生成切角。

【移除孤立顶点】：移除没有面和边的点。

（2）"编辑边"卷展栏包含用于编辑边的命令。主要包括：

【插入顶点】：在边上插入新的顶点。

【移除】：将选定边移除。

【挤出】：沿着法线方向移动，形成新的多边形。

【切角】：每个切角的边会被新的面所替代。

【桥】：连接对象的边。

【连接】：将每组边的中线进行连接，形成新的边。

（3）"编辑边界"卷展栏，【封口】较为常用。

边界是指面的边缘。例如：球体没有边界，我们可以先删掉一部分面（按 Delete 键删除），球体就会出现缺口的空洞，此时，可使用【封口】命令将缺口补全。

（4）"编辑多边形"卷展栏包含用于编辑多边形的命令。主要包括：

【挤出】：单击"挤出"，垂直拖动多边形。

【轮廓】："轮廓"命令用于增加或减小每组连续的选定多边形的外边。（即：原地变大变小）。

执行"挤出"或"倒角"操作后，通常可以使用"轮廓"调整挤出面的大小。

【倒角】：单击"倒角"，然后垂直拖动多边形，将其挤出。释放鼠标按钮，然后垂直拖动鼠标光标，设置挤出轮廓。单击以完成设置。也可单击"轮廓"按钮右侧的"设置"按纽，在视图中设置"高度"和命令值。

"倒角"="挤出"命令+"轮廓"命令。

【插入】：选择多边形，单击"插入"命令，垂直拖动多边形，插入多边形。

【桥】：使用"桥"命令可连接对象的两个选定多边形。

【从边旋转】：使"从边旋转"命令可沿指定的边旋转选定的多边形。

【沿样条线挤出】：沿样条线挤出当前选定的多边形

（5）"编辑元素"卷展栏包含用于编辑元素的命令。

最常用的是来设置物体的材质 ID 号，选择和编辑单个元素物体。

4.1.2 实例一　苹果模型制作

4.1-1

1. 实训目的与要求

（1）实训目的

运用 3ds Max 软件的编辑多边形建模的方法，举一反三，进行苹果模型的创建。

（2）实训要求

①【编辑多边形】修改器的各层级运用。

②苹果模型比例得当。

2. 实训内容

（1）编辑多边形建模方法的运用。

（2）【涡轮平滑】修改器的运用。

3. 实训技巧

【涡轮平滑】修改器

"涡轮平滑"修改器允许模型在边角交错时将几何体细分，以添加面数的方式得到较为光滑的模型效果。"涡轮平滑"修改器的参数如下。

"主体"选项组

* 迭代次数：设置网格细分的次数，增加该值时，每次新的迭代会通过在迭代之前对顶点，边和曲面创建平滑差补顶点来细分网格，修改器会细分曲面来使用这些新的项点，默认值为1，范围为0～10。

● 渲染迭代次数：允许在渲染时选择一个不同数量的平滑迭代次数应用于对象。启用"渲染迭代次数"复选框后，可以使用右边的字段来设置渲染迭代次数。

等值线显示：启用该复选框后，3ds Max 仅显示等值线，即对象在进行光滑处理之前的原始边缘。启用此复选框，可以减少混乱的显示。

● 明确的法线：启用时，允许涡轮平滑修改器为输出计算法线，此方法要比从网格对象的平滑组计算法线的标准方法更快速。

"曲面参数"选项组

● 平滑结果：对所有曲面应用相同的平滑组。

● 材质：防止在不共享材质 ID 的曲面之间的边创建新曲面。

● 平滑组：防止在不共享至少一个平滑组的曲面之间的边上创建新曲面。"更新选项"选项组。

● 始终：更改任意"涡轮平滑"设置时自动更新对象。

● 渲染时：只在渲染时更新对象的视口显示。

● 手动：仅在单击"更新"按钮后更新对象。

● "更新"按钮：更新视口中的对象，使其与当前的"网格平滑"设置。仅在选择"渲染时"或"手动"时才起作用。

4. 实训操作步骤

Step 1 单击顶视图，创建一个球体 Sphere001，半径为200，分段为16；如图 4.1-2 所示。

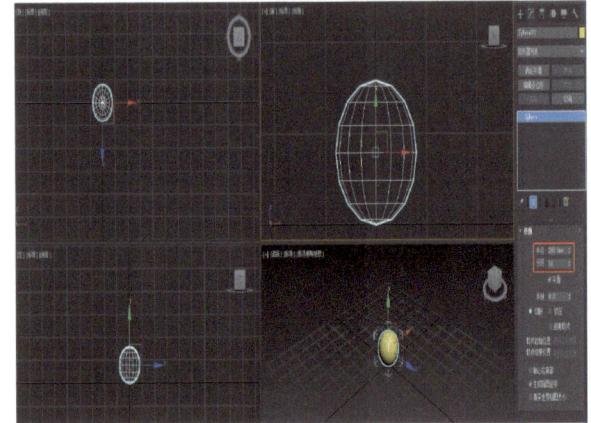

图 4.1-2

Step 2 选择球体 Sphere001，添加【编辑多边形】修改器，选择【顶点】级别，单击前视图，框选中间两排的顶点，使用缩放工具进行等比例放大，如图 4.1-3 所示。

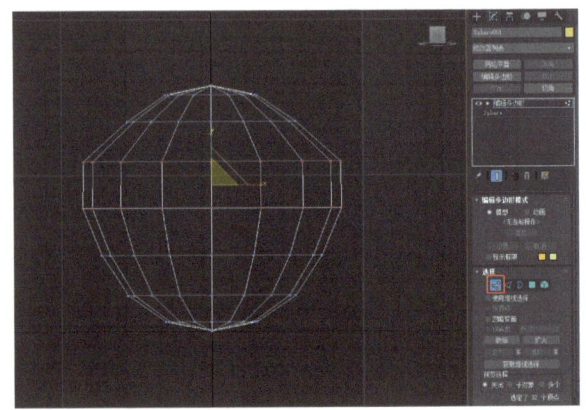

图 4.1-3

Step 3 使用移动工具将顶部的两排顶点和底部的一个顶点沿着 Y 轴方向进行移动，形成凹陷，如图 4.1-4 所示。

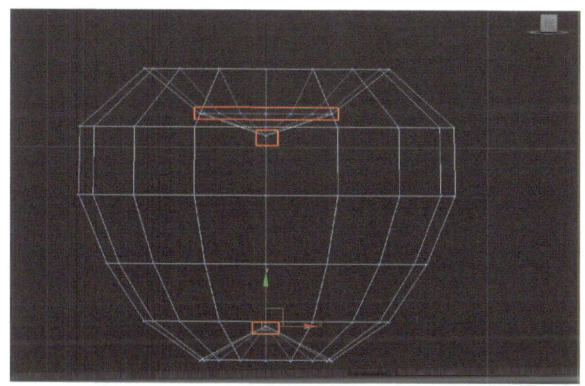

图 4.1-4

Step 4 进入边子层级，选择上方的一根线，点击环形，选中整圈的线，点击连接设置，增加一层边线，如图 4.1-5 所示。

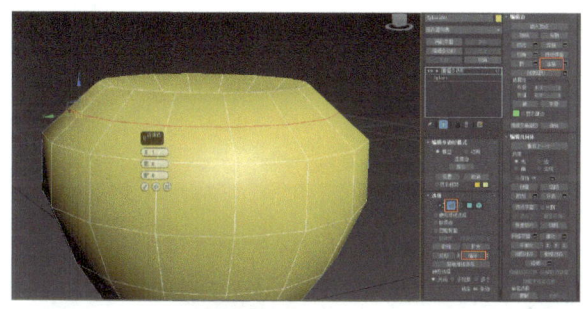

图 4.1-5

Step 5 进入边子层级，选择顶部的一根线，单击【循环选择】按钮，选中一圈的线条，如图 4.1-6 所示。

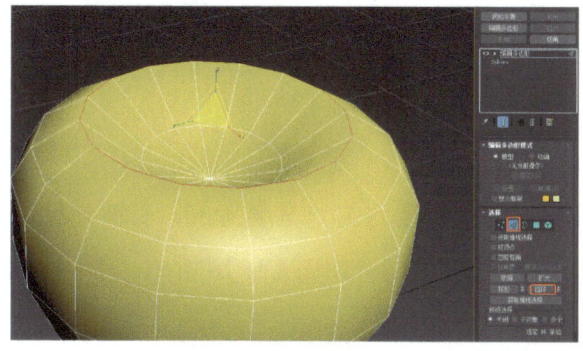

图 4.1-6

Step 6 点击【切角设置】，调整切角数量为 14.5，分段为 2，如图 4.1-7 所示。

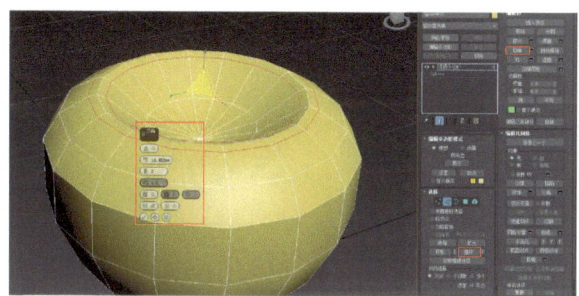

图 4.1-7

Step 7 选择底部的一圈线，同样以上述方法进行切角处理，如图 4.1-8 所示。

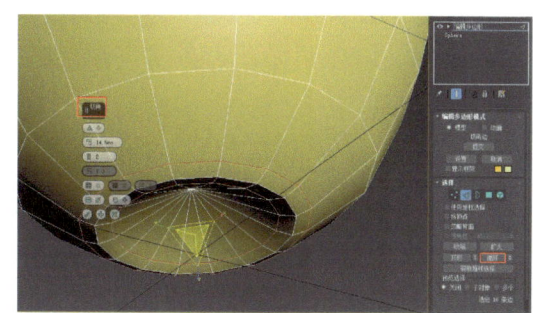

图 4.1-8

Step 8 单击前视图，选择【编辑多边形】的【顶点】子层级，按住 ctrl 键的同时单击选择苹果的上下两端凹陷的两个顶点，使用切角设置参数，如图 4.1-9 所示。

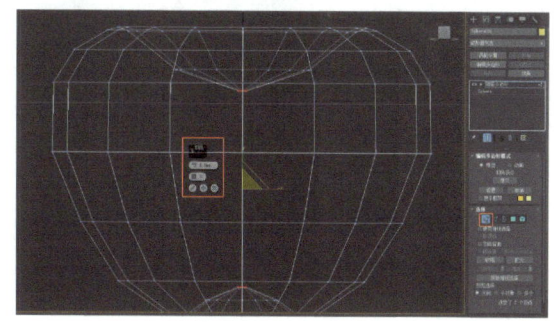

图 4.1-9

Step 9 调整细节，单击修改器列表，添加涡轮平滑修改器，如图 4.1-10 所示。

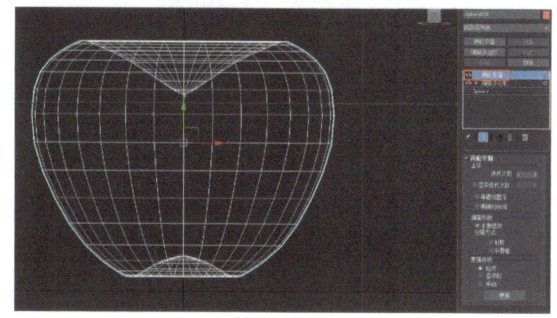

图 4.1-10

Step 10 更换颜色，预览效果，如图 4.1-11 所示。

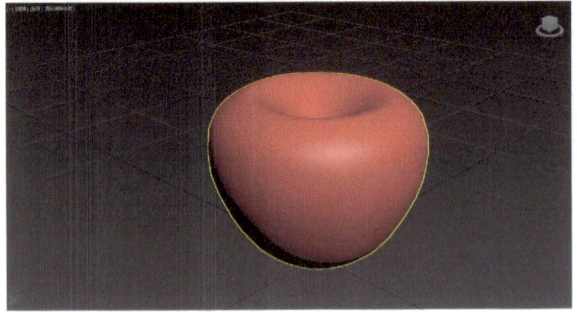

图 4.1-11

Step 11 制作苹果茎。在顶视图创建一个圆柱体 Cylinder001，调整参数如下：半径为 5.00 mm，高度为 100.0 mm，高度分段为 6，边数为 18，如图 4.1-12 所示。

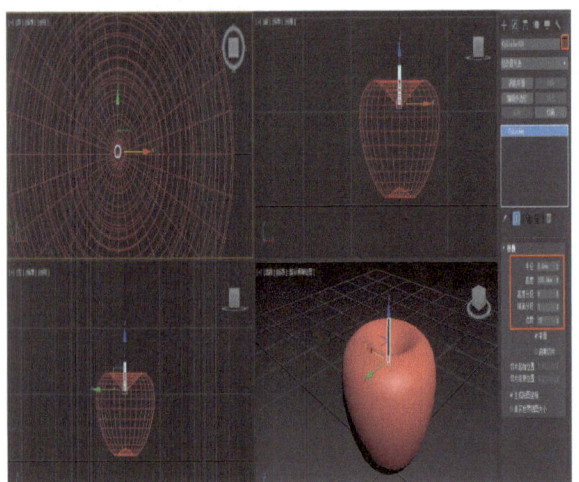

图 4.1-12

Step 12 给圆柱体 Cylinder001 添加锥化修改器，参数设置如下：锥化数量为 0.89，锥化曲线为 -2.5，如图 4.1-13 所示。

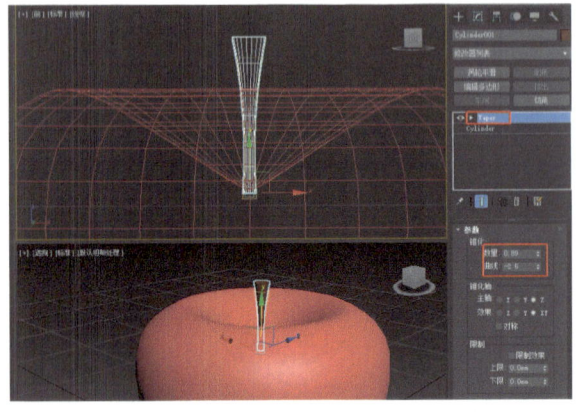

图 4.1-13

Step 13 继续为圆柱体 Cylinder001 添加弯曲修改器，弯曲角度设为 60°，效果如图 4.1-14 所示。

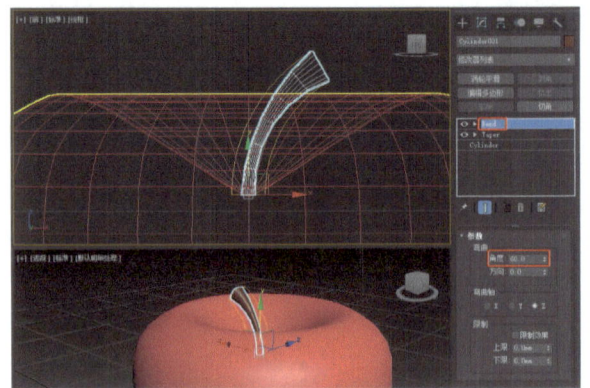

图 4.1-14

Step 14 继续为圆柱体 Cylinder001 添加涡轮平滑修改器，迭代 2 次，如图 4.1-15 所示。

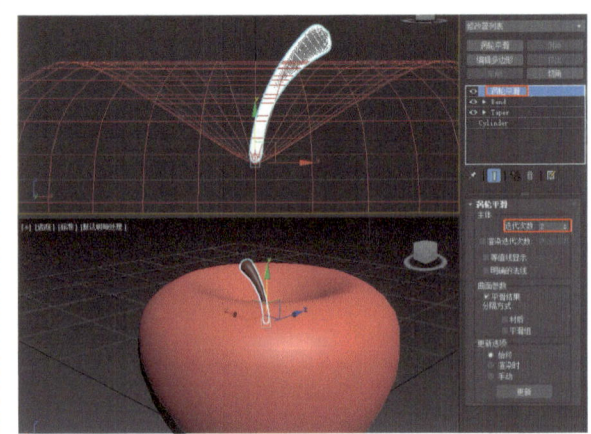

图 4.1-15

Step 15 在前视图创建一个平面 Plane001，长度为 40，宽度为 30，长度分段为 5，宽度分段为 4，如图 4.1-16 所示。

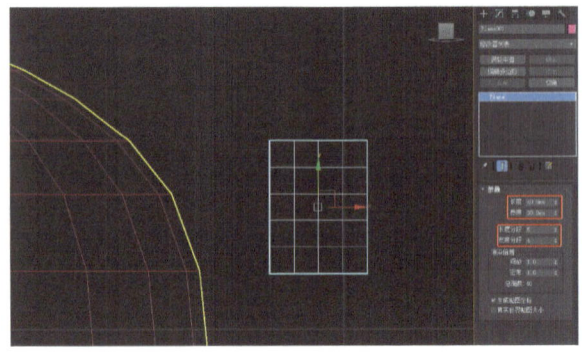

图 4.1-16

Step 16 给平面 Plane001 添加【可编辑

多边形】修改器，进入【顶点】子级别，框选下方的三排顶点，使用【缩放】工具将下方的顶点缩小，效果如图4.1-17所示。

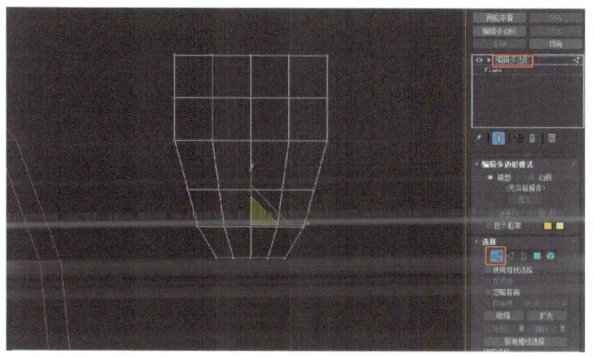

图 4.1-17

Step 17 使用移动工具对顶点进行位置的调整，使其形状接近于叶片的状态，效果如图4.1-18所示。

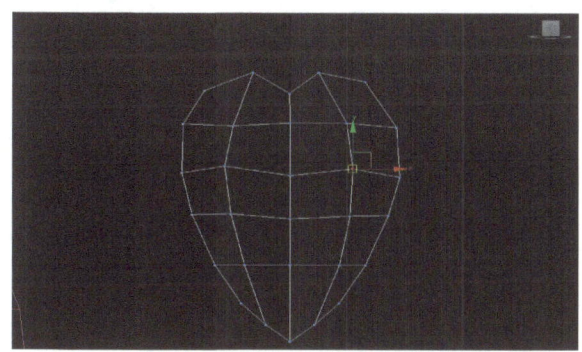

图 4.1-18

Step 18 单击修改面板，进入编辑多边形修改器的【边】子层级，单击选中叶片正中间的线，单击【切角】设置，距离设为1.0 mm，切角数量为2，如图4.1-19所示。

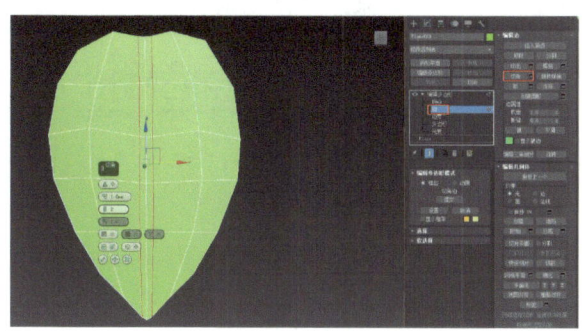

图 4.1-19

Step 19 调整边线的位置，使中间有凹凸效果。单击透视图，进一步调整顶点和边线，呈现出叶片的自然弯曲状，效果如图4.1-20所示。

图 4.1-20

Step 20 细节调整。进入顶点子级别，选择叶片中下方变形面的各组顶点，单击【连接】按钮进行连接，效果如图4.1-21所示。

图 4.1-21

Step 21 给叶片添加涡轮平滑修改器，迭代2次，效果如图4.1-22所示。

图 4.1-22

Step 22 选择叶片，使用对齐工具将其放置在苹果茎的位置，按住Shift键复制出另一片，借助缩放工具调整大小，借助旋转工具调整其角度，借助移动工具调整好位置，效果如图4.1-23所示。

图 4.1-23

Step 23 预览苹果的最终效果，如图 4.1-24 所示。

图 4.1-24

Step 24 制作盘子，单击前视图，创建一条样条线 Line001，效果如图 4.1-25 所示。

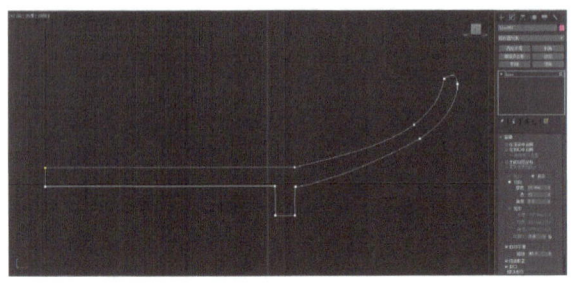

图 4.1-25

Step 25 为样条线 Line001 添加【车削】修改器，参数设置如下：对齐至最小，分段设为 36，效果如图 4.1-26 所示。

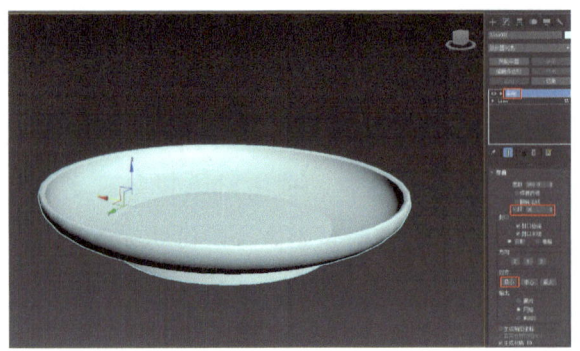

图 4.1-26

Step 26 为盘子加载涡轮平滑修改器，迭代 2 次，效果如图 4.1-27 所示。

图 4.1-27

Step 27 借助移动、缩放等基础工具将苹果置于盘子内，预览效果，如图 4.1-28 所示。

图 4.1-28

教学小结

本节主要讲述了编辑多边形的子层级类型、修改建模的常用命令操作，包括涡轮平滑、弯曲、锥化修改器的添加与使用，通过苹果模型的制作，达到对编辑多边形各子层级的编辑、高级建模基础方法与流程的熟练掌握。

4.1.3 实例二 豌豆射手模型制作

1. 实训目的与要求

（1）实训目的

运用 3ds Max 软件的编辑多边形建模的方法，进行豌豆射手模型的创建。

（2）实训要求

①【编辑多边形】修改器的边界层级运用熟练。

②豌豆射手模型比例得当。

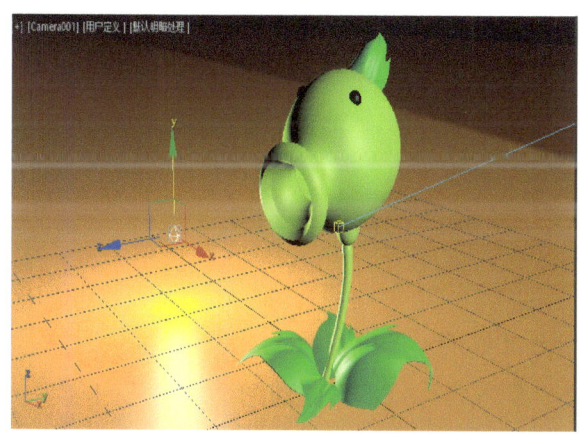

图 4.1-29

2. 实训内容

（1）编辑多边形建模方法的运用。

（2）【涡轮平滑】修改器的运用。

3. 实训技巧

【壳】修改器知识链接

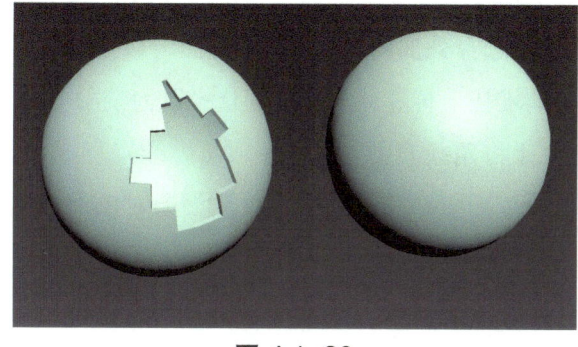

图 4.1-30

通过添加一组朝向现有面相反方向的额外面，"壳"修改器"凝固"对象或者为对象赋予厚度，无论曲面在原始对象中的任何地方消失，边将连接内部和外部曲面。可以为内部和外部曲面、边的特性、材质 ID 以及边的贴图类型指定偏移距离。

【内部量 / 外部量】

以 3ds Max 通用单位表示的距离，按此距离从原始位置将内部曲面向内移动以及将外部曲面向外移动。默认设置为 0.0/1.0。

两个"数量"设置值决定了对象壳的厚度，也决定了边的默认宽度。假如将厚度和宽度都设置为 0，则生成的壳没有厚度，并将类似于对象的显示设置为双边。

【分段】：每一边的细分值。默认设置为 1。

假如边需要更大的分辨率，请使用后续模型或修改器来更改设置。

注：当使用"倒角"样条线时，样条线的属性覆盖该设置。

【倒角边】：启用该选项后，并指定"倒角样条线"，3ds Max 会使用样条线定义边的剖面和分辨率。默认设置为禁用。

定义"倒角样条线"后，使用"倒角边"在直边和自定义剖面之间切换，该直边的分辨率由"分段"设置定义，该自定义剖面由"倒角样条线"定义。

【倒角样条线】：单击此按钮，然后选择打开 样条线定义边的形状和分辨率。像"圆形"或"星型"这样闭合的形状将不起作用。

原始样条线是"倒角样条线"的实例，因此对样条线形状和属性的更改将会反映到"倒角样条线"中。使用无角顶点，可以在样条线的"插补"卷展栏设置中更改边的分辨率。从顶部（插入）和作为结果的倒角中查看倒角样条线。

提示：要获得最佳结果，请在"顶"视口创建样条线，并从顶部到底部描绘样条线。将样条线上的顶部点应用到外边上，然后将样条线上的底部点应用到内边上。在边剖面的向外突出处创建向右置换，在向内突出处创建向左置换。

【覆盖内部材质 ID】：启用此选项，使用"内部材质 ID"参数，为所有的内部曲面多边形指定材质 ID。默认设置为禁用。

如果没有指定材质 ID，曲面会使用同一材质 ID 或者和原始面一样的 ID。

【内部材质 ID】：为内部面指定材质 ID。只在启用"覆盖内部材质 ID"选项后可用。

【覆盖外部材质 ID】：

启用此选项，使用"外部材质 ID"参数，为所有的外部曲面多边形指定材质 ID。默认设置为禁用。

如果没有指定材质 ID，曲面会使用同一材质 ID 或者和原始面一样的 ID。

【外部材质 ID】：为外部面指定材质 ID。只在启用"覆盖外部材质 ID"选项后可用。

【覆盖边材质 ID】：启用此选项，使用"边材质 ID"参数，为所有的新边多边形指定材质 ID。默认设置为禁用。

如果没有指定材质 ID，曲面会使用同一材质 ID 或者和与导出边的原始面一样的 ID。

【边材质 ID】：为边的面指定材质 ID。只在启用"覆盖边材质 ID"选项后可用。

【自动平滑边】：使用"角度"参数，应用自动、基于角平滑到边面。禁用此选项后，不再应用平滑。默认设置为启用。

这不适用于平滑到边面与外部 / 内部曲面之间的连接。

【角度】：在边面之间指定最大角，该边面由"自动平滑边"平滑。只在启用"自动平滑边"选项之后可用。默认设置为 45.0。大于此值的接触角的面将不会被平滑。

【覆盖平滑组】：使用"平滑组"设置，用于为新边多边形指定平滑组。只在禁用"自动平滑边"之后可用。默认设置为禁用。

【平滑组】：为边多边形设置平滑组。只在启用"覆盖平滑组"选项后可用。默认设置为 0。当"平滑组"设置为默认值 0 时，将不会有平滑组被指定为边多边形。要指定平滑组，请更改值为 1 和 32 之间。

注意：当"自动平滑边"和"覆盖平滑组"都禁用时，3ds Max 会为边多边形指定平滑组 31。

【边贴图】：指定应用于新边的纹理贴图类型。从下拉列表中选择贴图类型。

复制每个边面使用和原始面一样的 UVW 坐标，该边面从原始坐标中导出。

【无】：为每个边面指定 U 值为 0，V 值为 1。因此，如果指定了贴图，则边将采用左上像素的颜色。

剥离将边贴图在连续的剥离中。

插补将边贴图插补在与内部和外部曲面多边形相邻的贴图中。

【TV 偏移】：确定边的纹理顶点间隔。只在使用"边贴图"选择"剥离"和"插补"时才可用。默认设置为 0.05。增加该值会增加边多边形的纹理贴图的重复。

【选择边】：选择边面。从其他修改器的堆栈上传递此选择。默认设置为禁用。

【选择内部面】：选择内部面。从其他修改器的堆栈上传递此选择。默认设置为禁用。

【选择外部面】：选择外部面。从其他修改器的堆栈上传递此选择。默认设置为禁用。

【将角拉直】：调整角顶点以维持直线边。如果使用直边将"壳"应用到细分对象上，例如将一个框设置为 3×3×3 分段，可能会发现角顶点不和其他边顶点在一条直线上。这会使边看起来凸出。要解析此问题，请启用"将角拉直"。

4. 实训操作步骤

Step 1 单击前视图，创建一个球体 Sphere001，调整半径为 200.0 mm，分段为 8，如图 4.1-31 所示。

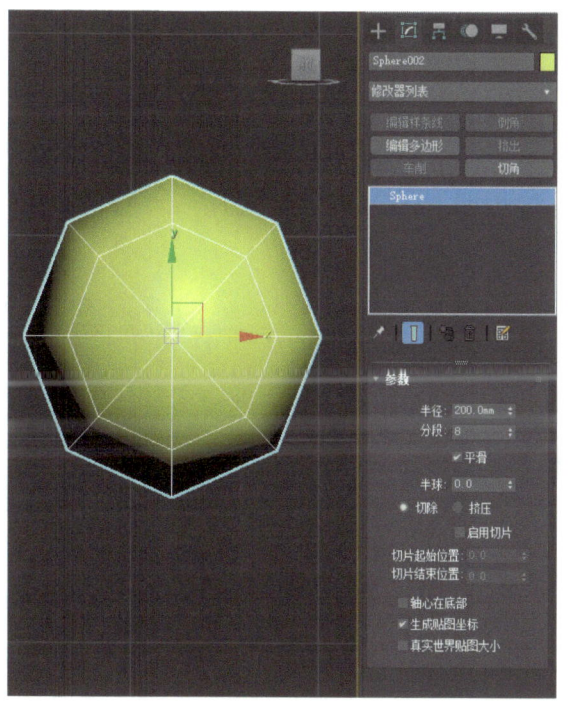

图 4.1-31

Step 2 单击修改面板，在修改器列表中为球体 Sphere001 加载【可编辑多边形】修改器，如图 4.1-32 所示。

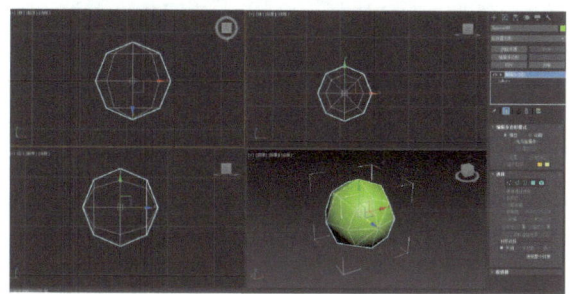

图 4.1-32

Step 3 单击【可编辑多边形】修改器，进入【顶点】子层级，单击左视图，框选最右侧点，按 Delete 键删除，如图 4.1-33 所示。

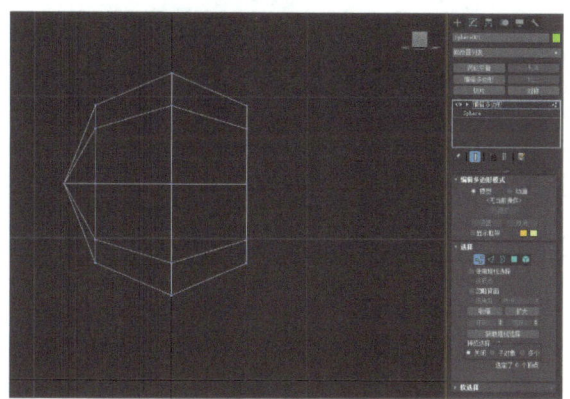

图 4.1-33

Step 4 单击【可编辑多边形】修改器，按 3 键（快捷键）进入边界子层级，按 Shift 同时向右拖拽多次并缩放，得到豌豆射手头部的雏形，如图 4.1-34 所示。

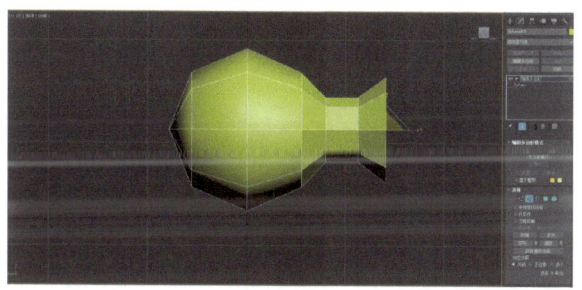

图 4.1-34

Step 5 为头部模型添加修改器，在修改器列表加载【壳】修改器，增加豌豆射手头部模型的厚度，再在修改器列表加载【涡轮平滑】修改器，迭代 2 次，效果如图 4.1-35 所示。

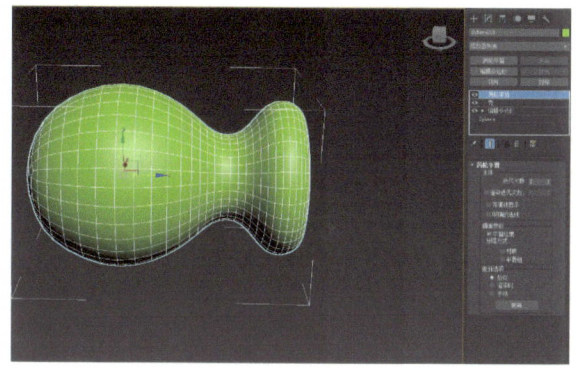

图 4.1-35

Step 6 在透视图创建一个球体 Sphere002，使用对齐工具将其置于头部正下方，并加载【可编辑多边形】修改器，如图 4.1-36 所示。

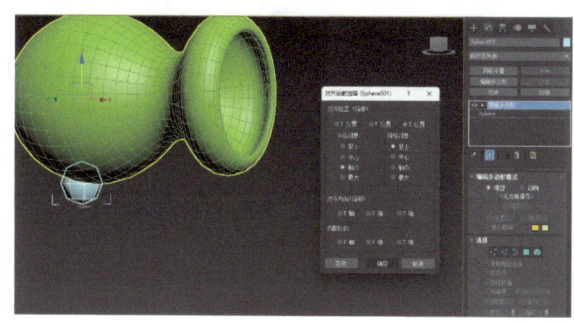

图 4.1-36

Step 7 进入球体 Sphere002【可编辑多边

形】修改器的【边】子层级，使用选择工具选择下方环绕的边，单击【连接】工具（或者按快捷键 Ctrl+Shift+E 进行连接），如图 4.1-37 所示。

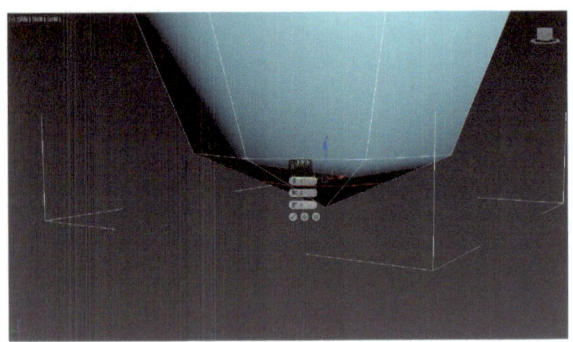

图 4.1-37

Step 8　进入球体 Sphere002【可编辑多边形】修改器的【顶点】子层级，选择最下方的顶点，按 Delete 键删除，效果如图 4.1-38 所示。

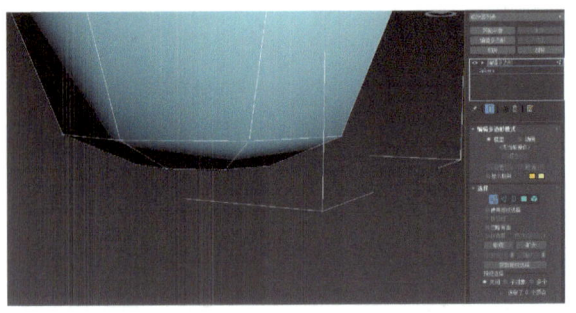

图 4.1-38

Step 9　进入球体 Sphere002【可编辑多边形】修改器的【边界】子层级，复制拖拽调整出茎部的形状，如图 4.1-39 所示。

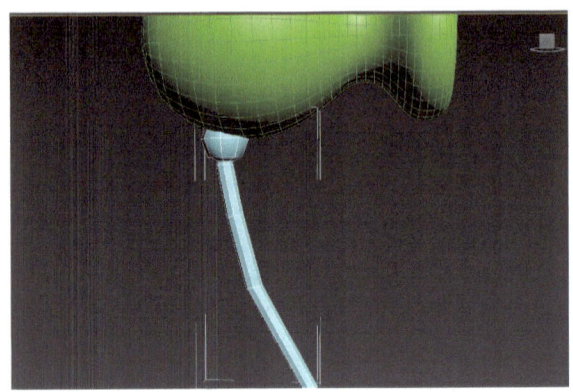

图 4.1-39

Step 10　给茎部更换颜色，并加载【涡轮平滑】修改器，迭代 2 次，效果如图 4.1-40 所示。

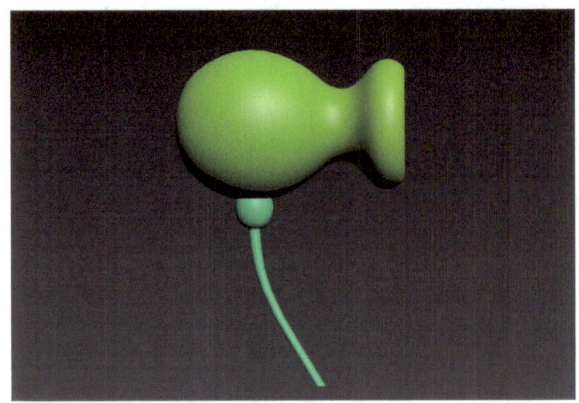

图 4.1-40

Step 11　在顶视图创建一个平面 Plane001，长度分段和宽度分段分别为 6 和 4，如图 4.1-41 所示。

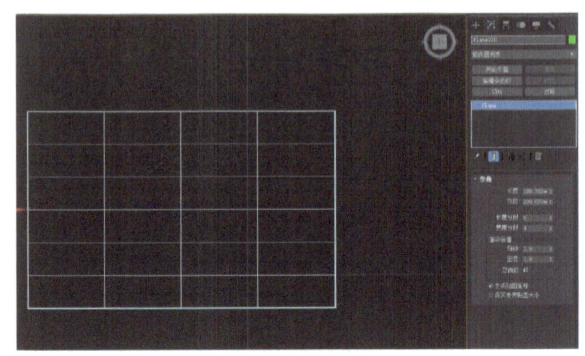

图 4.1-41

Step 12　为平面 Plane001 加载【编辑多边形】修改器，进入平面 Plane001【编辑多边形】修改器的【顶点】【边】等子层级调整叶片形状，效果如图 4.1-42 所示。

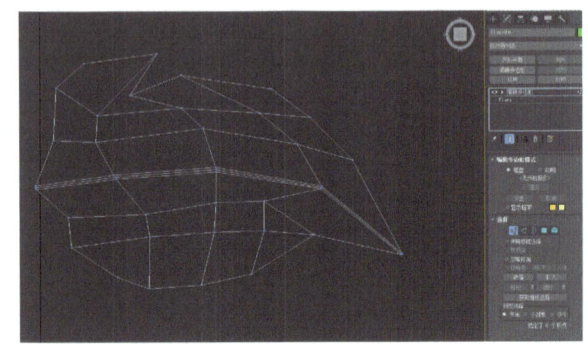

图 4.1-42

Step 13　给叶片加载【壳】修改器，【外部量】设为 3。继续加载【涡轮平滑】修改器，迭代 2 次，如图 4.1-43 所示。

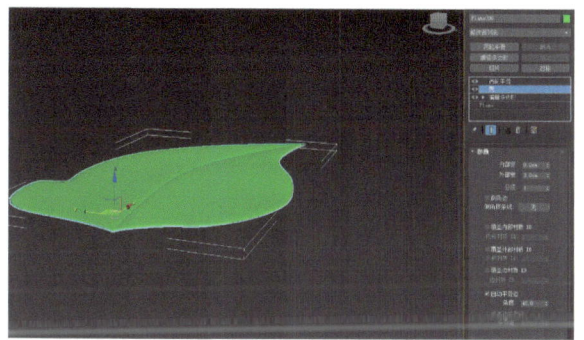

图 4.1-43

Step 14 继续给叶片加载【FFD4×4×4】修改器，展开【FFD4×4×4】修改器的【控制点】命令，通过调整控制点调整叶片的形状，效果如图 4.1-44 所示。

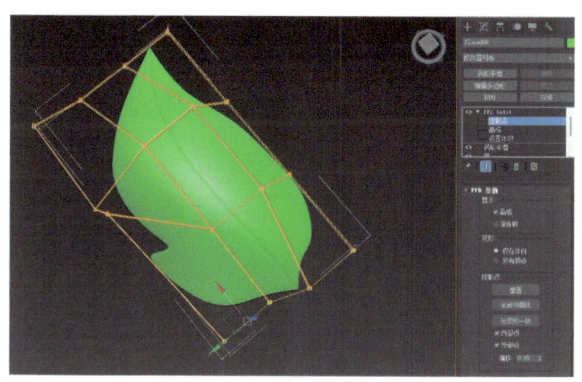

图 4.1-44

Step 15 将做好的一个叶片对齐至叶茎底部，单击【层次】-【仅影响轴】，将叶片的轴心移动至叶片底端，旋转复制叶片，缩放调整各叶片的比例，微调叶片位置，效果如图 4.1-45 所示。

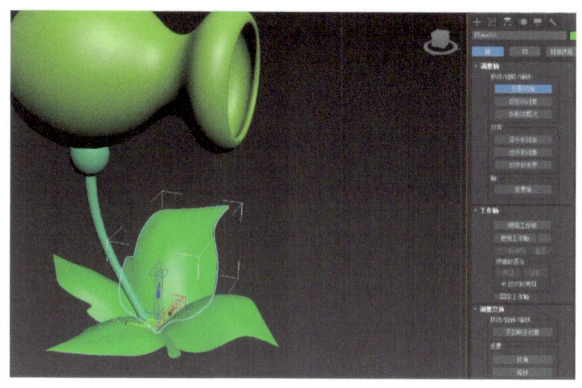

图 4.1-45

Step 16 创建一个黑色球体作为眼睛，按住 Shift 键移动复制出另外一边的一个眼睛，将叶片复制出一片，缩小置于头部后脑勺的合适位置，最终效果如图 4.1-46 所示。

图 4.1-46

> **教学小结**

本节主要讲述了编辑多边形的边界层级的常用操作方法、FFD 修改器及壳修改器的使用，掌握了常见植物叶片的制作方法。通过豌豆射手模型的制作，达到对编辑多边形各子层级的编辑与高级建模流程的熟练掌握。

4.1.4 实例三 小鸡模型制作

1. 实训目的与要求

巩固练习 3ds Max 软件的编辑多边形各知识点，掌握角色模型的常见制作流程，制作出小鸡的角色模型。

2. 实训内容

（1）编辑多边形建模方法的掌握。
（2）角色模型的创建流程。
（3）编辑多边形中切割工具的使用。
（4）对称修改器的运用。

3. 角色模型实训知识

（1）角色模型的基础知识

人物角色是三维制作中的一大难点，角色

的布线、材质、骨骼等都需要精益求精。在三维人物角色的制作过程中，常常需要将解剖学的相关知识与人物角色特征有机结合，从而生动准确地制作描绘出符合解剖学和人体特征规律的人物角色。为了准确而精简的建立三维角色模型，我们需要运用拓扑学知识对所作对象进行布线分析。

（2）三维角色的常规流程

①原画参考图制作

CG 行业中，原画是整个动画制作流水线的第一站根据剧本的角色特征，原画人员将人设绘制好，交给 3D 建模师实现，使角色活跃在影视里。为了使模型建得准确，原画师根据建模师的要求，按比例绘制出头部的正面、侧面；身体的正面、背面、侧面。

②分析原画

确定角色的头身比，可以在 PS 中框出角色大致的头身比例，通过这种方式也能看出身体和腿长的大致比例，更方面还原角色的形体。

③找到合适的裸模

一般在项目上为了节省时间成本，都会有一些固定的裸模，或者低模来方便模型师来调整和建模。把裸模调整的更加贴近原画形体后再进行下一步，切记模型是基础，欲速则不达。

④先从里面的衣服做起，贴皮肤的衣服直接可以画在裸模上，可以直接在模型身体上选择片分离出来直接做衣服。这样的好处就是，做出来的衣服是贴合身体布线的，方便动作调整。记得框选克隆对象分离。给衣服一个偏黑色的材质球方便区分；接着镜像一下模型。选择模型最下面的一圈边，按住 shfit 向下拖动，就能拽出裙摆，然后通过缩放调整就能得到如上图的效果。

⑤制作头发

⑥整体调整

把所有衣服大致位置，效果和大致轮廓搭建出来后再进行，布线，删减面，细节处理和边缘轮廓造型的处理。

通过大的效果在还原原画，就能分析出哪里有问题，然后可以进行细致的调整。

⑦添加材质

（3）三维角色建模的创建流程

①头部模型部分制作流程分为三部分：形体调节、添加结构、修正模型。

a. 形体调节：创建球体，半径 50 分段 14 转变为可编辑多边形，顶点模式，调节头的形状"梨形"

b. 添加结构：进入边模式，添加边，方便后面挤出眼眶与嘴巴。

c. 修正模型：

I. 调整脸部结构，修改点的位置，调整出眼窝的形状。

II. 选择多边形"倒角"，-5 高度、-10 轮廓值，向内凹陷。

III. 调整眉弓与鼻子的位置。进行点模式，使用"切割"，切出嘴巴的轮廓，选中多边形"挤出"。

IV. 添加"网格平滑"命令。

②五官模型的制作流程分为三部分：鼻子模型、眼睛模型、耳朵模型。

a. 鼻子模型：建立球型，FFD 调整形状。

b. 眼睛模型：创建球体，复制两个半球，作为眼仁与上眼皮，调整相应位。

置，做父子连接，镜像制作另一只眼睛。

c. 制作耳朵：制作球体，缩放圆饼状，编辑多边形调整点，"挤出"多边。

形制作耳蜗形状，添加自由变形工具，调整耳朵的形状。镜像复制另一只耳朵。

③毛发模型的制作流程分为三部分：调整控制点、区域划分、毛发模型。

a. 调整控制点：修改猴子的表情；点模式，使用切割工具，添加线，调整猴子的外轮廓。

b. 区域划分：挤出猴子头发的轮廓，2 次。

c. 毛发模型：编辑点与多边形，挤出头发的形状，网格平滑。

④三维角色建模的身体模型创建

a. 建立物体，调整身体形状；

b. 添加网格平滑。

c. 依次建立尾巴、手臂、腿部模型，

⑤给三维角色建模添加材质

为模型添加材质：ID 设置，模型贴图、场景与灯光。

4. 实训操作步骤

Step 1　单击顶视图，创建一个球体 Sphere001，半径为 600.0 mm，分段设为 16，如图 4.1-47 所示。

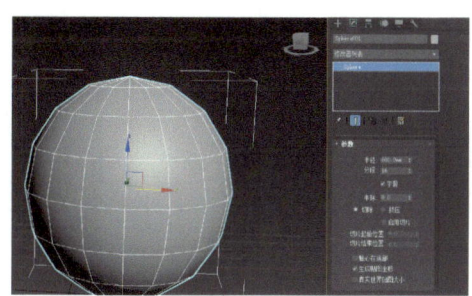

图 4.1-47

Step 2　为球体 Sphere001 添加【可编辑多边形】修改器，进入【顶点】子层级，借助【移动】和【缩放】工具调整形状如下，如图 4.1-48 所示。

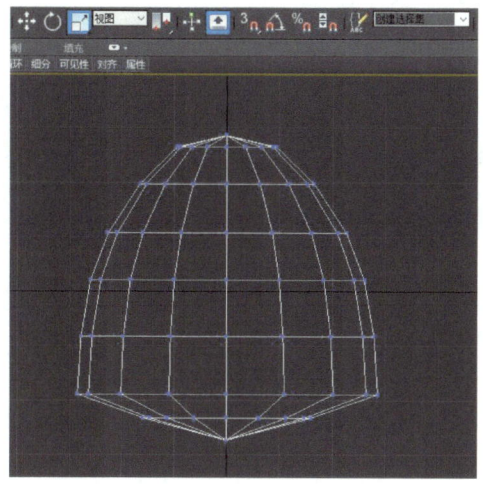

图 4.1-48

Step 3　调整小鸡身体的大体雏形。进入【可编辑多边形】修改器的【边】层级，选择球体底部的一圈边线，单击【切角】工具，调整合适的切角数量，形状如图 4.1-49 所示。

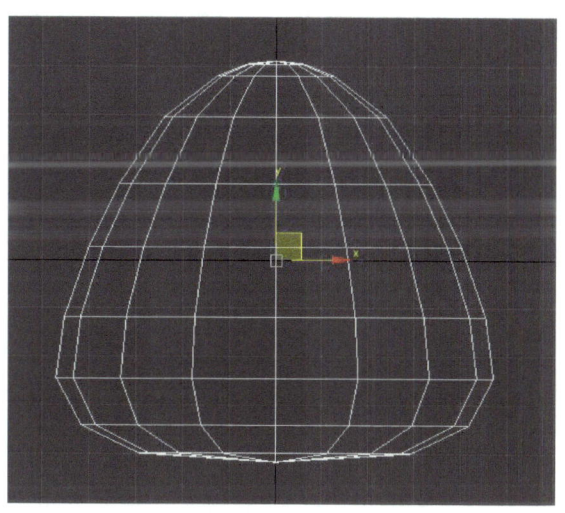

图 4.1-49

Step 4　单击前视图，以中间的纵向轴线为中心，进入【可编辑多边形】的【顶点】子层级，框选一侧的顶点，单击 Delete 键删除，单击【镜像】工具，在弹出的【镜像：世界 坐标】窗口中设置如下参数：镜像轴：X 轴，克隆当前选择：参考，以便于将另一侧作为参考显示，如图 4.1-50 所示。

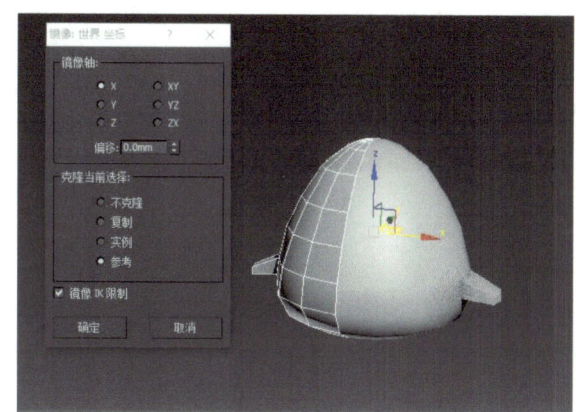

图 4.1-50

Step 5　继续为小鸡模型添加网格平滑修改器，迭代次数设为 2，如图 4.1-51 所示。

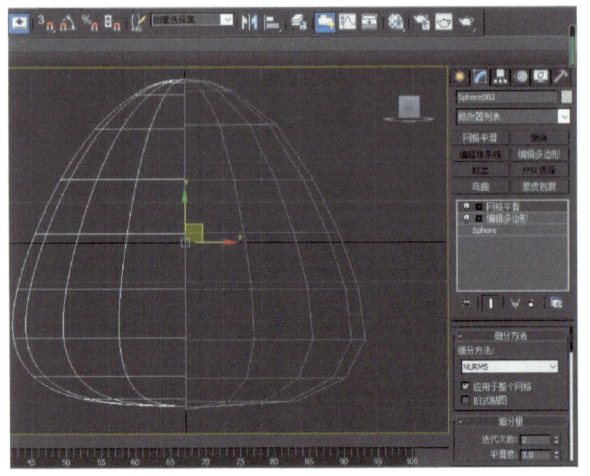

图 4.1-51

Step 6 单击透视图,选择小鸡模型正侧面的面,进入【可编辑多边形】的【顶点】子层级,在【多边形】面板将【限制】选项由【无】设为【边】,借助【移动】工具调整正侧面的"翅膀"位置的四边形顶点,调整正侧方的"翅膀"位置,单击【倒角】设置,挤出一侧的翅膀,如图 4.1-52 所示。

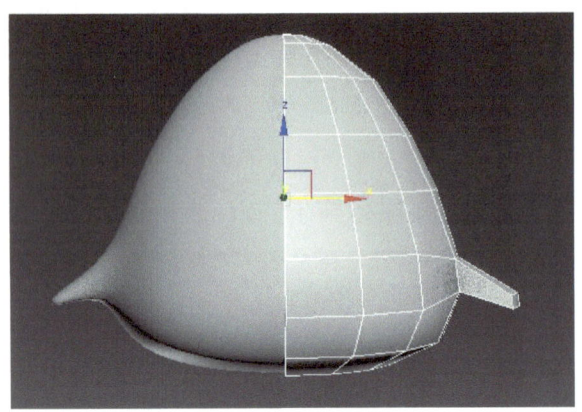

图 4.1-52

Step 7 关闭【涡轮平滑】修改器的显示,单击【剪切】按钮,通过剪切工具裁切出眼睛的位置,单击【倒角】按钮,向内倒角出眼窝的形状,按 Delete 键删除倒角后眼睛内部的面;继续使用【剪切】工具在眼睛上下两侧的位置裁切调整出眼皮的形状,并单击【挤出】按钮向外挤出眼皮的效果,打开【涡轮平滑】修改器的显示,效果如图 4.1-53 所示。

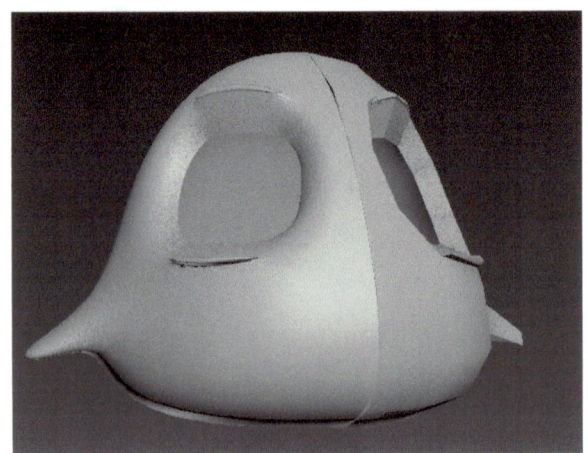

图 4.1-53

Step 8 创建一个长方体 Box001,加载【可编辑多边形】修改器,如图 4.1-54 所示。

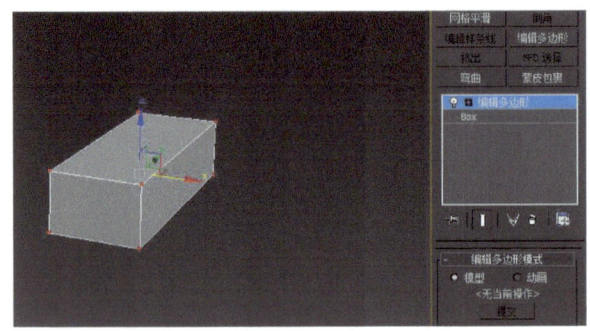

图 4.1-54

Step 9 调整长方体 Box001 的形状为小鸡嘴巴的形状。进入【可编辑多边形】的【边】层级,选择 4 条棱柱,单击【连接】按钮,增加分段,通过【缩放】和【移动】工具调整出嘴部的拱形;并为长方体 Box001 加载【涡轮平滑】修改器,迭代 2 次,效果如图 4.1-55 所示。

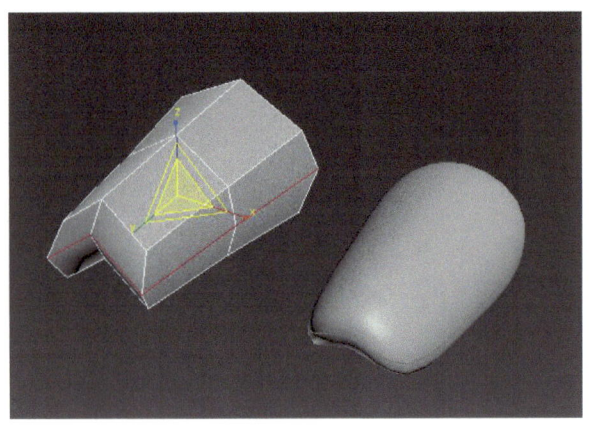

图 4.1-55

74

Step 10 选择长方体 Box001 做成的嘴部，单击【镜像】工具，将嘴巴的另一侧镜像复制出来，借助【缩放】和【旋转】工具，调整好小鸡嘴部的大小和位置，如图 4.1-56 所示。

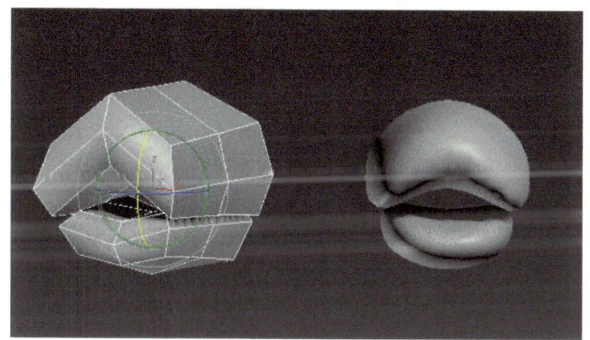

图 4.1-56

Step 11 制作眼睛；创建一个球体 Sphere003，半径为 100.0 mm，为球体 Sphere003 添加【可编辑多边形】修改器，进入【可编辑多边形】修改器的【面】层级，给眼球的眼白设置【材质 ID】号为 1，眼球部分的【材质 ID】号设为 2 和 3。如图 4.1-57 所示。

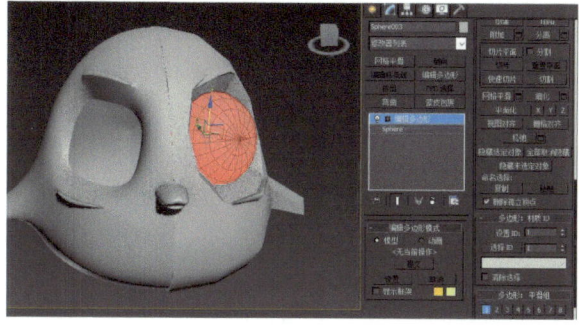

图 4.1-57

Step 12 单击 M 键打开【材质编辑器】，选择一个空的材质球，选择眼睛，单击【将材质指定为选定对象】，单击【Standard】按钮，在弹出的【材质/贴图浏览器】窗口中将材质类型设为【多维子对象】，在【反射高光】栏将【高光级别】的参数设为 100，【光泽度】设为 60，如图 4.1-58 所示。

图 4.1-58

Step 13 在 3 个材质通道上，分别将 1 号材质的颜色设为白色，2 号材质的颜色设为浅棕色，3 号材质的颜色设为深棕色，如图 4.1-59 所示。

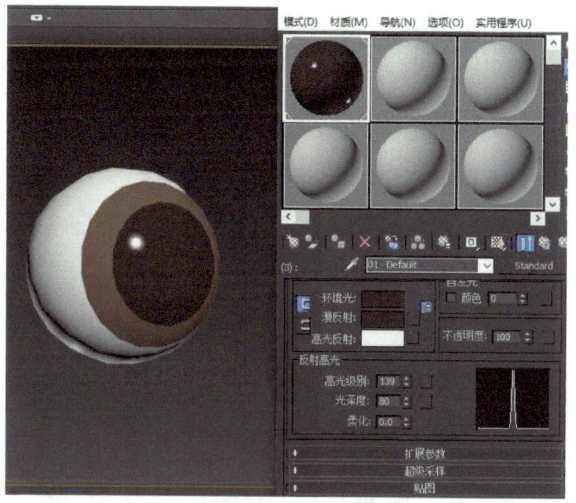

图 4.1-59

Step 14 制作眉毛，按 Ctrl 键创建一个长方体 Box003，宽和高的数值相同，长度分段设为 4，为长方体 Box003 添加【FFD4×4×4 变形器】修改器，进入【FFD4×4×4 变形器】修改器的【Gizemo】内，借助【移动】工具适当调整弯曲的眉毛形状，并添加【涡轮平滑】修改器，颜色设为黑色，置于眼睛上方，如图 4.1-60 所示。

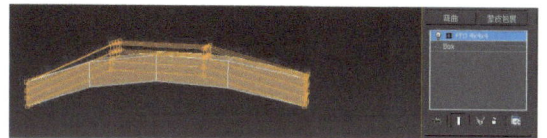

图 4.1-60

Step 15 制作鸡冠，创建一个长方体 Box005，高度分段设为 2，宽度分段设为 3，加载【可编辑多边形】修改器，将顶面的 3 个面进行【倒角】，调整出不同的高度，适当调整整体的厚度，添加【涡轮平滑】修改器，迭代 2 次，查看最终效果，如图 4.1-61 所示。

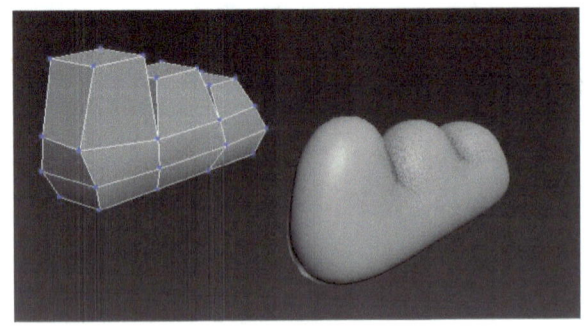

图 4.1-61

Step 16 制作鸡脚，创建一个长方体 Box007，在修改面板转为【可编辑多边形】，进入【可编辑多边形】修改器的【边】层级，在顶端和底端调整分段，在前后两侧【挤出】鸡脚的长度，添加涡轮平滑修改器，如图 4.1-62 所示。

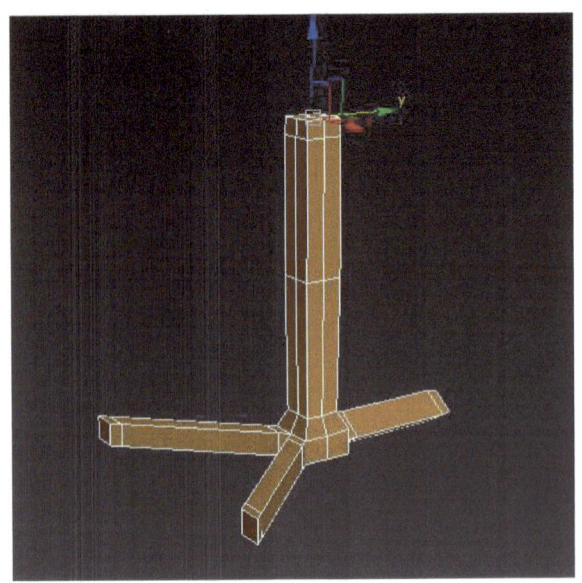

图 4.1-62

Step 17 调整小鸡各部位的位置，渲染预览最终效果，如图 4.1-63 所示。

图 4.1-63

教学小结

本节主要讲述了小鸡模型的制作流程，包括身体模型的创建与编辑方法、眼睛、鸡冠及脚部等各部位的创建方法。通过本节学习，应了解动漫角色的基本制作方法和工作流程，熟练掌握角色身体各部位的制作方法。

作业布置与要求

创建一个自己喜爱的三维动漫角色，并渲染导出最终效果。

要求：

1. 模型身体比例适当。

2. 造型及配色得当。

3. 渲染图清晰美观。

第 3 部分
材质贴图与渲染

材质贴图与渲染是三维设计流程中能够输出美观作品的重要环节。实际上，给创建好的三维模型添加材质和贴图类似于"给模型穿上漂亮的衣服"，是完整的三维角色或场景必不可少的步骤。3ds Max 软件中的 Slate 材质编辑器能够轻松且可视化地完成材质与贴图的添加。渲染是 3ds Max 软件输出高质量作品的关键一步。随着 3ds Max 软件的不断更新，其内置的渲染器也在不断更新，除此之外，Vray 等渲染插件也是 3ds Max 软件较为常用的渲染工具，本章节的实例中讲解了不同类型的渲染器用法。

第 5 章
初露锋芒——3ds Max 的材质与贴图

5.1 材质添加

5.1.1 材质的基础知识

1. 材质的概念

在 3ds Max 中对三维模型添加材质是给模型表面覆盖颜色或图片的过程，能够提升画面的视觉感受和营造气氛。材质是描述对象反射或透射灯光。贴图可以模拟纹理、应用设计等。

2. 材质明暗生成器

明暗器表示物体的物理属性。

（1）最常用的是 Blinn（橡胶），它包括 80%～90% 的塑料、橡胶、玻璃。

（2）金属，透明，需设置高光和反射。

（3）半透明，玉器、贴图场景中的物体。

3. 材质编辑器

（1）示例窗和常用工具

显示预览材质和贴图，最多显示 24 个示例材质球。如图 5.1-1 所示。

（2）着色类型

明暗器表示物体的物理属性。常见的 8 种明暗器如下，如图 5.1-2 所示。

①各向异性：高岗类型线性（头发、丝绸）。

②Blinn：橡胶，通用明暗生成器。

③金属：适用于光泽的金属表面。

④多层：多层高光（汽车清漆）。

⑤Oren-Nayer-Blinn：粗糙（亚光）物体，陶土，麻布等。

⑥Phong：塑料，适用于强度较高的曲面。

⑦Strauss：早期版本的金属材质。

⑧半透明：透光物体（玉、蜡烛、皮肤等）

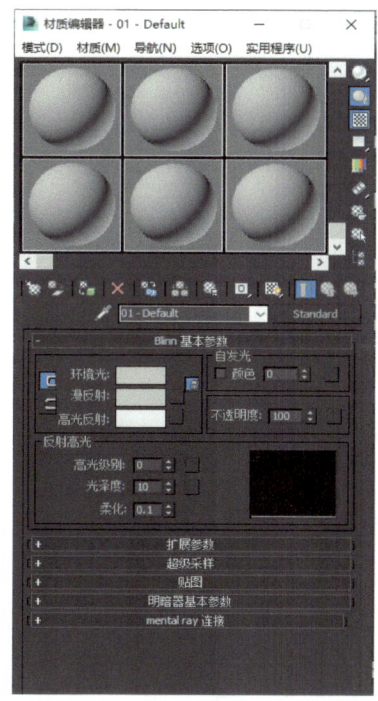

图 5.1-1

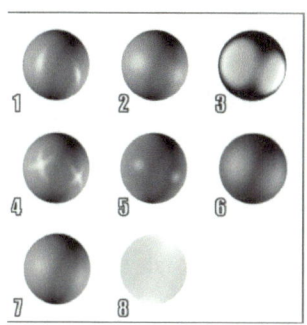

图 5.1-2

4. 基本参数设置

标准材质的基本参数用来设置材质的颜色、反光度等。如图 5.1-3 所示。

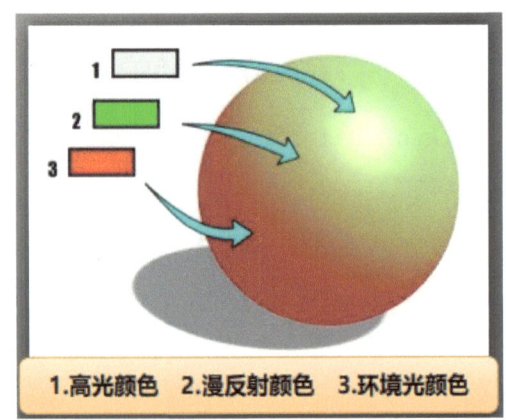

图 5.1-3

5.1.2 实例一 建筑材质

1. 实训目的与要求

（1）实训目的

运用 3ds Max 软件的材质编辑器面板，进行建筑材质的调整与设置，掌握建筑材质的应用方法。

（2）实训要求

①材质编辑器面板运用熟练。

②不锈钢茶壶的材质制作效果良好。

2. 实训内容

（1）材质编辑器面板的运用。

（2）建筑材质的运用。

3. 实训技巧

【建筑材质】简介

建筑材质是 3ds Max 软件系统中提供的 17 种通用材质类型之一。

建筑材质提供了多种材质模板，如石材、水、玻璃、木材、瓷砖、纸、金属等，可供用户直接套用，也可在模板的基础上进行参数调整，自定义设置，以调节出用户满意的材质效果。

4. 实训操作步骤

不锈钢茶壶制作

图 5.1-4

Step 1 单击顶视图，创建一个平面 Plane001。

Step 2 在平面上创建一个茶壶 Teapot001。

Step 3 单击【材质编辑器】按钮或按 M 键，打开材质编辑器窗口。

Step 4 选择一个空的材质球。

Step 5 选择茶壶 Teapot001，单击【将材质指定给选定对象】按钮，将材质球指定给茶壶。

Step 6 单击【Standard】按钮，打开【材质/贴图浏览器】窗口。

Step 7 在弹出的【材质/贴图浏览器】窗口中选择材质类型为【建筑】，单击确定。

Step 8 在建筑材质参数面板中，点击模板中的【通用设置自定义】，更改为【金属-擦亮的】，如图 5.1-5 所示。

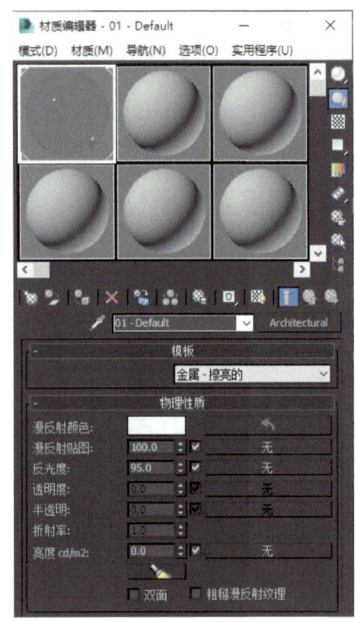

图 5.1-5

Step 9 在物理性质栏目中,将漫反射颜色设为浅灰色。

Step 10 打开渲染菜单,或按 8 键(快捷键),打开【环境和效果】面板。

Step 11 在打开的【环境和效果】面板中,单击【环境贴图】通道,在弹出的【材质/贴图浏览器】中单击【位图】。

Step 12 在弹出的【选择位图图像位置】窗口中选择一张准备好的图片,室内房间 .jpg 图片,单击确定,如图 5.1-6 所示;

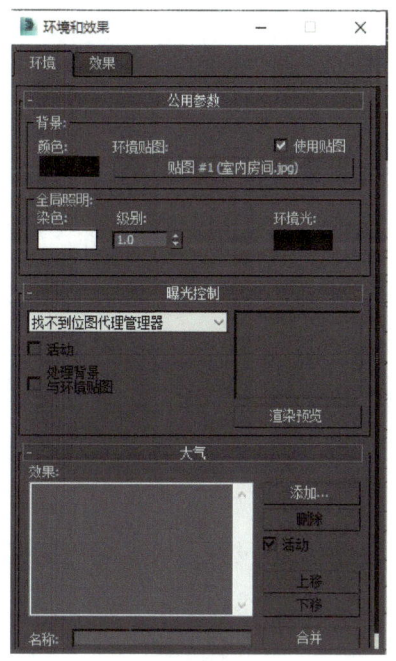

图 5.1-6

Step 13 在材质编辑器中,选择一个空的材质球。

Step 14 单击平面 Plane001,单击【将材质指定给选定对象】按钮,将材质指定给平面。

Step 15 在材质编辑器中,展开贴图卷展栏,单击【反射】的贴图通道,打开【材质/贴图浏览器】,在弹出的【材质/贴图浏览器】窗口中选择【光线跟踪】贴图,单击确定。

Step 16 渲染预览不锈钢茶壶的效果。

②玻璃杯制作

Step 1 在平面上创建一个圆柱体。

Step 2 在修改面板适当调整圆柱体的边数和大小。

Step 3 在修改面板给圆柱体加载可编辑多边形修改器。

Step 4 进入多边形子级别,选择圆柱体顶部的面。

Step 5 单击"插入"设置按钮,调节合适的玻璃杯厚度。

Step 6 单击"挤出"设置按钮,按 F3 键线框显示,将挤出的数值量减少,直至杯子底部,退出可编辑多边形的编辑。

Step 7 单击按钮或按 M 键,打开材质编辑器。

Step 8 选择一个空的材质球。

Step 9 将材质指定给杯子。

Step 10 单击 Standard,打开材质 / 贴图浏览器。

Step 11 选择建筑,单击确定。

Step 12 在参数面板中,点击模板中的通用设置自定义,更改为玻璃 - 清晰的,如图 5.1-7 所示。

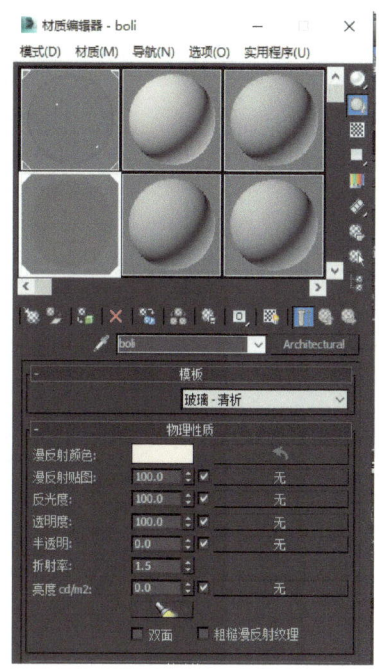

图 5.1-7

Step 13 将漫反射颜色设为浅红色或浅绿色。

Step 14 将透明度的数值设为 100。

Step 15 适当提升半透明属性的数值。

Step 16 渲染预览玻璃杯效果。如图 5.1-8 所示。

图 5.1-8

教学小结

本节主要讲述了材质编辑器面板的使用，通过运用建筑材质的模板，制作金属不锈钢茶壶和透明玻璃杯效果，以快速地了解材质的基本制作流程，熟练掌握建筑材质的运用方法。

5.1.3 实例二 玉器材质制作

1. 实训目的与要求

（1）实训目的

运用 3ds Max 软件的材质编辑器面板，进行标准材质中的半透明明暗器进行参数的调整与设置，制作出玉器的材质效果。

（2）实训要求

①材质编辑器面板运用熟练。

②半透明明暗器的运用熟练。

2. 实训内容

（1）材质编辑器面板的运用。

（2）标准材质的运用。

（3）半透明明暗器的运用。

3. 实训技巧

（1）标准材质

标准材质是 3ds Max 软件系统默认的材质方式，其拥有大量的调节参数，适合于大部分的模型表面材质。

【明暗器基本参数】卷展栏参数中可以选择不同的明暗器，还提供材质的不同应用类型，其包括 Wire（线框）、2-Sided（双面）、FaceMap（面贴图）和 Faceted（面状）。

Wire（线框）当选取线框模式时，模式会根据对象模型的线框结构进行渲染，且可在 ExtendedParameters（扩展参数）卷展栏中设置线框的大小。

Faceted（面状）当选取面状模式时，该模式可以使渲染器忽略物体的网格光滑组选项，在渲染时呈现出棱角分明的渲染效果。

Sided（双面）当选取双面模式时，该模式可以使渲染器忽略物体表面法线的方向，并且可对物体进行双面渲染。该选项对于线框模式和透明物体具有十分重要的作用，在某些情况下，片面物体或者没有反转法线的物体的外表面不可见，此时打开双面开关即可。

Face Map（面贴图）当选取面贴图模式时，该选项可以将贴图贴在物体的每一个面上，这个选项主要在制作粒子特效时使用。

【Blinn 基本参数】卷展栏

Ambient（环境光）就是决定当前物体不能直接被光照亮时所呈现出来的颜色，或者说它反映的是物体暗部的颜色。

Diffuse（漫反射）漫反射即物体的固有色，就是影响物体自身的颜色。

Specular（高光颜色）就是用来决定高光的色彩，是指观察角度与光线直射成垂直角度的区域，与 Diffuse 产生过渡。

Self-IIlumination（自发光）可以使材质产生白炽的自发光效果，可以调整控制量或更改颜色。

Opacity（不透明）可以使材质产生透明或半透明的简单效果。

Specular-Highlights（反射高光）组这个选项组可以设置材质对高光反射的强度。

Specular Level（高光级别）可控制高光的强度。Glossiness（光泽度）可控制高光的影响范围。

Soften（柔化）它可以控制高光级别上光泽度相差大而产生的背光效果。

Extended Parameters【扩展参数】主要应用于控制高级透明效果和反射暗淡效果。开启材质编辑器后，无论选择何种明暗生成器，我们都可以看到这一卷展栏。

这些控制选项主要是用来控制物体的透明属性：Falloff（衰减）Amt（数值）Type（类型）等。

【贴图卷展栏】

Maps（贴图通道）卷展栏是我们经常要用到的重要功能区域，在打开材质编辑器后，就可以看到贴图卷展栏，各种贴图通道就位于该卷展栏内。

（2）半透明明暗器

半透明明暗方式与 Blinn 明暗方式类似，但它还可用于指定半透明。半透明对象允许光线穿过，并在对象内部使光线散射。可以使用半透明来模拟被霜覆盖的和被侵蚀的玻璃。

半透明本身就是双面效果：使用半透明明暗器，背面照明可以显示在前面。要生成半透明效果，材质的两面将接收漫反射灯光，虽然在渲染和明暗处理视口中只能看到一面，但是如果启用双面（在"明暗器基本参数"卷展栏中），就能看到两面。如果使用光能传递，则其将处理由半透明透射的灯光。此操作的精确性取决于网格：面细分得越细，解决方案就越精确，但处理时间将更长。

对于反射高光，具有以下选择：要对半透明塑料这样的材质建模，可以选择双面具有高光；要对磨砂玻璃这样的材质（即，只能一面进行反射）进行建模，可以选择只在一面上具有高光。这由半透明高光控件中的内表面高光反射切换控制。

提示：半透明效果只出现在渲染中。不会出现在明暗处理视口中。

注意：半透明明暗器不模拟对象中灯光的散射。因此，模拟像玻璃或纸这样的薄对象的效果比厚对象的效果要好得多。对于较厚的对象，穿透的灯光可能过于饱和。为了避免出现这种情况，请尝试降低材质半透明颜色的 HSV 值。

半透明材质还捕捉在材质背面投射的阴影。然而，由于半透明明暗器并不散射灯光，因此对于较厚的对象而言，生成的效果并不能精确模拟实际的透明度。

警告：不要将阴影贴图用于半透明明暗器。阴影贴图会导致半透明对象的边缘出现不真实的效果。

4. 实训操作步骤

Step 1　在前视图中创建一个圆环。

Step 2　将其转换为可编辑多边形。

Step 3　在修改面板，进入可编辑多边形修改器的多边形子级别，单击一个内侧的圆环面。

Step 4　在选择面板，勾选按角度选择，角度设为 30°。

Step 5　将内侧选中的面按 Delete 键删除。

Step 6　进入可编辑多边形修改器的边界子级别，按 Ctrl 键依次选中两个圆形边界。

Step 7　在编辑边界面板，单击桥命令，将内侧封口，退出可编辑多边形的编辑，基础模型制作完成。

Step 8 单击按钮或按 M 键，打开材质编辑器。

Step 9 选择一个空的材质球。

Step 10 将材质指定给玉器模型。

Step 11 在明暗器基本参数面板，将明暗器类型改为半透明明暗器。

Step 12 在半透明基本参数面板，将漫反射颜色设为绿色，高光反射颜色设为浅绿色，漫反射级别设为 82，如图 5.1-9 所示。

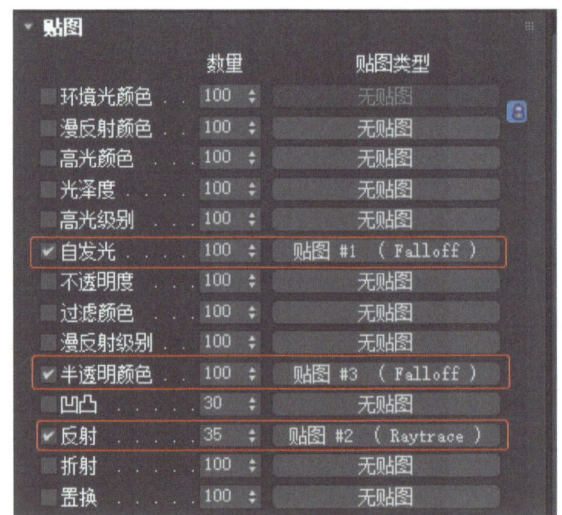

图 5.1-10

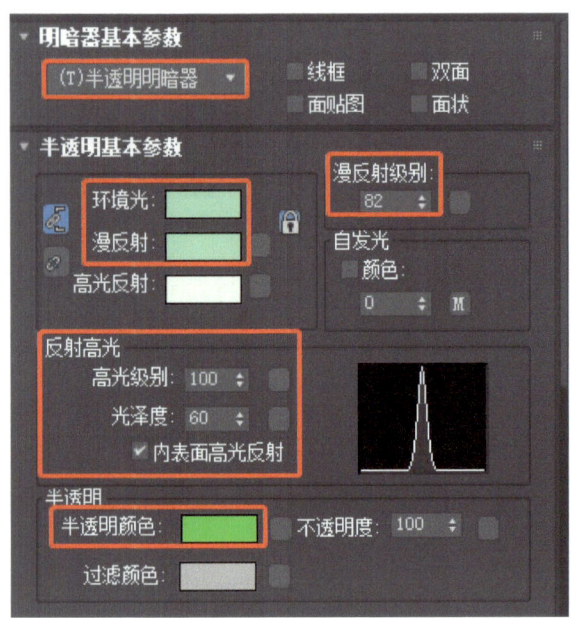

图 5.1-9

Step 13 在反射高光面板，将高光级别设为 100，光泽度设为 60。

Step 14 在半透明面板，将半透明颜色设为绿色。

Step 15 展开贴图卷展栏，在自发光贴图通道上加载"衰减"贴图，并将其复制到半透明颜色的贴图通道上。

Step 16 在反射贴图通道上加载光线跟踪贴图；如图 5.1-10 所示。

Step 17 渲染预览最终效果。如图 5.1-11 所示。

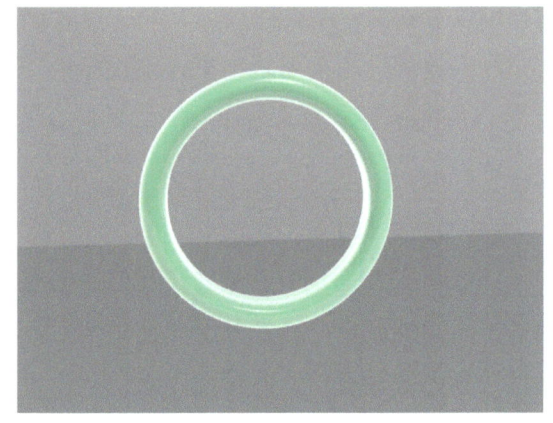

图 5.1-11

教学小结

本节主要讲述了标准材质的使用方法，通过运用标准材质面板中的半透明明暗器设置了玉器手镯的漫反射颜色、反射高光数量和自发光贴图、反射贴图，基本了解了标准材质常用的设置属性及流程。

5.1.4 实例三 戒指材质制作

1. 实训目的与要求

（1）实训目的

运用 3ds Max 软件的材质编辑器面板，进行标准材质下的金属材质的设置，制作出戒指的材质效果。

（2）实训要求

①材质编辑器面板运用熟练。

②金属明暗器的运用熟练。

2. 实训内容

（1）材质编辑器面板的运用。

（2）标准材质的运用。

（3）金属明暗器的运用。

3. 实训技巧

【金属明暗器】概述

金属明暗处理提供效果逼真的金属表面以及各种看上去像有机体的材质。

对于反射高光，金属明暗处理具有不同的曲线。金属表面也拥有掠射高光。金属材质计算其自己的高光颜色，该颜色可以在材质的漫反射颜色和灯光颜色之间变化。不可以设置金属材质的高光颜色。

金属明暗处理拥有容易区分的高光，如图5.1-12 所示。

图 5.1-12

由于没有单独的反射高光，两个反射高光微调器与 Blinn 和 Phong 明暗处理的微调器行为不同。高光级别微调器仍然控制强度，但"光泽度"微调器影响高光区域的大小和强度。

提示：创建金属材质时，确保在示例窗中启用背光。

4. 实训操作步骤

Step 1 在顶视图中创建一个管状体 Tube001，其参数设置如下：半径1为600.0mm，半径2为500.0mm，高度为150.0mm，边数为30，如图 5.1-13 所示。

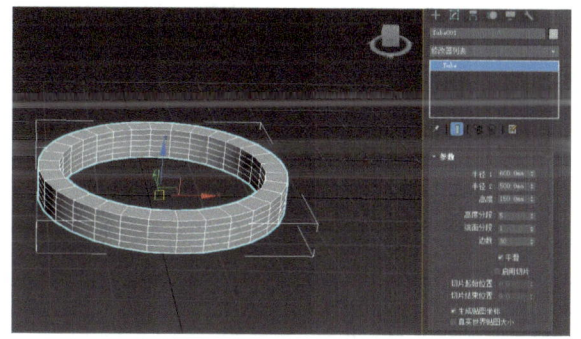

图 5.1-13

Step 2 将其转换为可编辑多边形。

Step 3 在【修改】面板，进入【可编辑多边形】修改器的【边】、【多边形】子级别，借助移动、缩放等工具调整戒指内部及外部的边线，效果如图 5.1-14 所示。

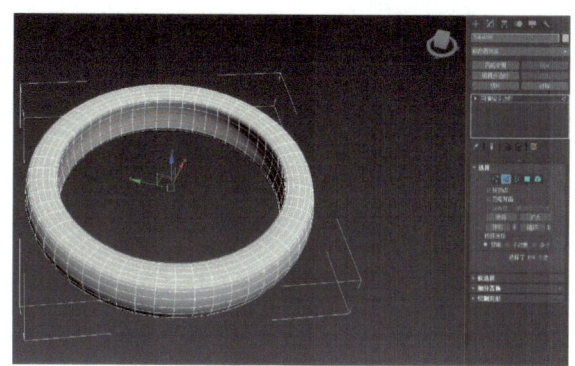

图 5.1-14

Step 4 单击【前】视图，【创建】-【几何体】-【加强型文本】，文本内容为 LOVE，字体类型为 Arial，字体大小为150，跟踪为20，在【几何体】一栏中将【挤出】数量设为50，如图 5.1-15 所示。

图 5.1-15

Step 5 将"文本 LOVE"置于戒指的一侧位置，并加载【弯曲】修改器，设置【弯曲轴】为 X 轴，弯曲角度为 50°，如图 5.1-16 所示。

图 5.1-16

Step 6 单击选择管状体模型，单击【创建】—【几何体】—【复合对象】，在【复合对象】面板中单击【ProBoolean】，在【ProBoolean】面板中选择【参数】的运算方式为【差集】，单击【开始拾取】按钮，在视图内单击"文本 LOVE"；戒指模型制作完成，如图 5.1-17 所示。

图 5.1-17

Step 7 单击【材质编辑器】按钮或按 M 键，打开材质编辑器窗口，选择一个空的材质球，将材质指定给戒指对象。

Step 8 在明暗器基本参数面板，将明暗器类型改为【金属】明暗器。

Step 9 在【金属】明暗器的基本参数面板，将漫反射颜色设为黄色，【反射高光】一栏中【高光级别】设为 100，【光泽度】设为 80，如图 5.1-18 所示。

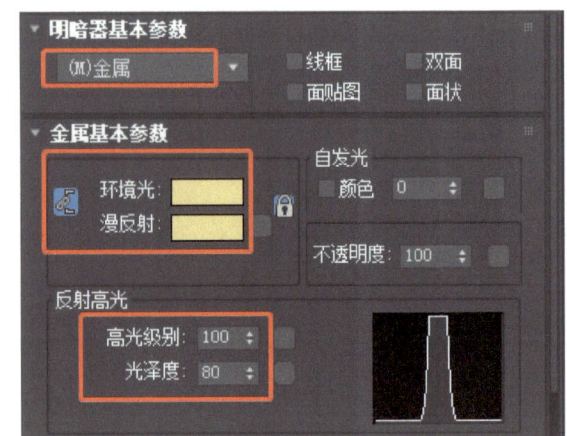

图 5.1-18

Step 10 展开【贴图】卷展栏，在【反射】贴图通道上加载【光线跟踪】贴图，单击【确定】，在弹出的【光线跟踪】参数面板中【背景】一栏选择'背景'下方的【无】选项，并单击【无】按钮，在弹出的【选择位图图像】窗口中加载所需的图像文件，单击【打开】按钮，如图 5.1-19 所示。

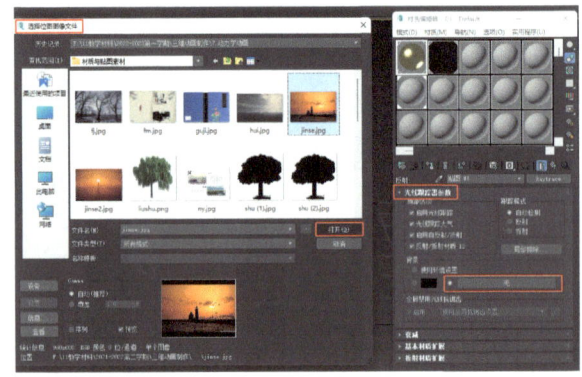

图 5.1-19

Step 11 在【背景】面板的【位图参数】一栏中，找到【裁剪/放置】一栏，单击【查看图像】，在弹出的【指定裁剪/放置，显示 Gamma：2.2，RGB 颜色 8 位/通道（1：1）】

窗口中，对图像进行裁剪，裁剪完成后关闭该窗口，单击【应用】裁剪，如图5.1-20所示。

图 5.1-20

Step 12 单击渲染产品，渲染预览戒指的最终效果，如图5.1-21所示。

图 5.1-21

教学小结

本节主要讲述了标准材质中的金属明暗器的操作方法，通过制作戒指材质效果，进一步学习了金属明暗器的参数设置、反射通道的光线跟踪贴图及对位图图像的处理，进一步加深了常用材质效果的学习印象。

5.1.5 实例四 多维子材质

1. 实训目的与要求

（1）实训目的

运用 3ds Max 软件的材质编辑器面板，进行多维子材质的调整与设置，制作出魔方的材质效果。

（2）实训要求

①材质编辑器面板运用熟练。

②多维子对象材质的运用熟练。

2. 实训内容

（1）材质编辑器面板的运用。

（2）多维子对象材质的运用。

3. 实训技巧

【多维子对象材质】概述

多维子对象材质可在同一个模型的不同部位赋予不同的材质，是 3ds Max 软件中常用的材质类型。

使用多维/子对象材质可以采用几何体的子对象级别分配不同的材质。创建多维材质，将其指定给对象并使用网格选择修改器选中面，然后选择多维材质中的子材质指定给选中的面。

如果该对象是可编辑网格，可以拖放材质到面的不同的选中部分，并随时构建一个多维/子对象材质。请参见拖放子对象材质指定。

也可以通过将其拖动到已被编辑网格修改器选中的面来创建新的多维/子对象材质。

子材质 ID 不取决于列表的顺序，可以输入新的 ID 值。

在"材质编辑器"中的"使唯一"按钮允许将一个实例子材质构建为一个唯一的副本。

在多维/子对象材质级别上，示例窗的示例对象显示子材质的拼凑。在编辑子材质时，示例窗的显示取决于在"材质编辑器选项"对话框中的"在顶级下仅显示次级效果"切换。

【数量】—此字段显示包含在多维子对象材质中的子材质的数量。

【设置数量】—设置构成材质的子材质的数量。在多维/子对象材质级别上，示例窗的示例对象显示子材质的拼凑。（在编辑子材时，示例窗的显示取决于在"材质编辑器选项"对话框中的"在顶级下仅显示次级效果"切换。）

通过减少子材质的数量将子材质从列表的末端移除。在使用"设置数量"删除材质时可以撤销。

【添加】—单击可将新子材质添加到列表中。默认情况下，新的子材质的 ID 数要大于使用中的 ID 的最大值。

【删除】—单击可从列表中移除当前选中的子材质。删除子材质可以撤销。

4. 实训操作步骤

Step 1　在视图中创建一个长方体，长宽高设为 900*900*900，长度分段、宽度分段和高度分段均为 3。

Step 2　给长方体加载【编辑多边形】修改器。

Step 3　进入可编辑多边形修改器的多边形子级别，框选所有的面。

Step 4　单击"倒角"设置按钮，将【倒角】类型改为"按多边形"，倒角高度适当增加，倒角轮廓适当减小。

Step 45　退出可编辑多边形的编辑，基础模型制作完成。

Step 6　单击按钮或按 M 键，打开【材质编辑器】。

Step 7　选择一个空的材质球。

Step 8　将材质指定给魔方模型。

Step 9　单击 Standard，打开材质/贴图浏览器，选择【多维/子对象】，在弹出的窗口中选择将旧材质作为子材质，单击确定。

Step 10　在参数面板中，设置数量为 7。

Step 11　将 1 号材质拖拽复制到下方的材质通道上。

Step 12　依次更改这 7 号材质的颜色，分别为黑、白、红、绿、黄、蓝、紫，如图 5.1-22 所示。

图 5.1-22

Step 13　进入可编辑多边形修改器的多边形子级别，打开材质 ID 面板，框选所有的面，设材质 ID 号为 1 号。

Step 14　随机选择 9 个面，设材质 ID 号为 2 号。

Step 15　重复上一步操作，依次将材质 ID 号设立完成，直至 7 号。

Step 16　渲染预览最终效果，如图 5.1-23 所示。

图 5.1-23

教学小结

通过本节学习，应了解 3ds Max 软件中材质的基础概念和常用类型，掌握对三维模型添加材质与贴图的基本方法和工作原理，通过不锈钢茶壶、透明玻璃杯、玉器手镯、金属戒指和魔方的案例实操，重点掌握常用材质与贴图的基本操作方法。

作业布置与要求

1. 给以往创建的椅子、酒杯等模型添加符合其物理属性的材质效果。

2. 查阅网络资料，搜集纹理贴图，给以往创建的苹果等水果模型添加对应的贴图效果。

3. 尝试使用卡通材质制作出"三渲二"的卡通场景风格。

5.2 贴图制作

5.2.1 贴图知识概述

1. 贴图坐标概述

使用贴图通常是为了改善材质的外观和真实感。也可以使用贴图创建环境或者创建灯光投射。

贴图可以模拟纹理、应用的设计、反射、折射以及其他的一些效果。与材质一起使用时，贴图可增加细节而不会增加对象几何体的复杂度（但置换贴图除外，它可以修改几何体）。

贴图坐标指定如何在几何体上放置贴图、调整贴图方向以及进行缩放。

贴图坐标通常以 U、V 和 W 指定，其中 U 是水平维度，V 是垂直维度，W 是可选的第三维度，它指示深度。

通常，几何基本体在默认情况下会应用贴图坐标，但曲面对象（如"可编辑多边形"和"可编辑网格"）需要添加贴图坐标。

如果将贴图材质应用到没有贴图坐标的对象上，则渲染器显示一个警告。请参见"缺少贴图坐标"对话框。

3ds Max 提供了多种用于生成贴图坐标的方式：

创建基本体对象时，请使用"生成贴图坐标"选项。此选项（对于大多数对象，在默认情况下此选项处于启用状态）自动提供贴图坐标，投影适用于对象类型的图形。

贴图坐标需要额外的内存，因此，如果不需要的话，请禁用此选项。

应用"UVW 展开"修改器。此功能强大的修改器提供了大量的工具和选项，可用于编辑贴图坐标。

应用 UVW 贴图修改器。您可以从多种类型的投影中选择；通过定位贴图 Gizmo，自定义对象上贴图坐标的放置；然后设置贴图坐标变换的动画。

2. UV 贴图的制作方法

UV 贴图是用于轻松包装纹理的 3D 模型表面的平面表示。创建 UV 贴图的过程称为 UV 展开。

U 和 V 指的是 2D 空间的水平轴和垂直轴，因为 X，Y 和 Z 已在 3D 空间中使用。一旦创建了多边形网格，下一步就是将其"展开"为 UV 贴图。现在要赋予网格生命并使它看起来更逼真（或风格化），就得添加纹理。但是，这没有 3D 纹理之类的东西，因为它们始终都是 2D 图像。这就是 UV 映射的用处，因为它是将 3D 网格转换为 2D 信息以便可以在其周围包裹 2D 纹理的过程。即使您不打算对模型进行纹理处理，许多现代的实时引擎也需要对您的素材进行 UV 解包才能进行一些轻度渲染。

接缝是使任何 3D 几何形状扁平化的不幸和不可避免的副作用。接缝是网格的一部分，必须进行拆分才能将 3D 网格转换为 2D UV 贴图。UV 展开始终是一种折衷方案，可以使线框变形尽可能小，同时还要使接缝最小。就 UV 贴图而言，变形是必须更改多边形的形状和大小以适应平坦化过程的程度。太多的失真会影响模型的最终效果。通过应用基本的方格纹理可以很容易看出这一点。如果未拉伸棋盘格图案，则可以避免展开时的变形。但是，这种仅将所有多边形分开的方法的缺点是产生的接缝数量。如图 5.2-1 所示。

图 5.2-1

5.2.2 实例一 蘑菇贴图制作

1. 实训目的与要求

（1）实训目的

运用 3ds Max 软件的可编辑多边形建模方法制作蘑菇模型，并初步运用 UVW 展开修改器进行蘑菇 UV 的制作，及 UV 贴图的绘制与设置。

（2）实训要求

①创建的模型比例适当。

②效果美观。

2. 实训内容

（1）蘑菇造型建模。

（2）蘑菇 uv 贴图的制作。

3. 实训操作步骤

Step 1　在顶视图绘制一个球体，半径设为 200.0 mm，分段为 16，如图 5.2-2 所示。

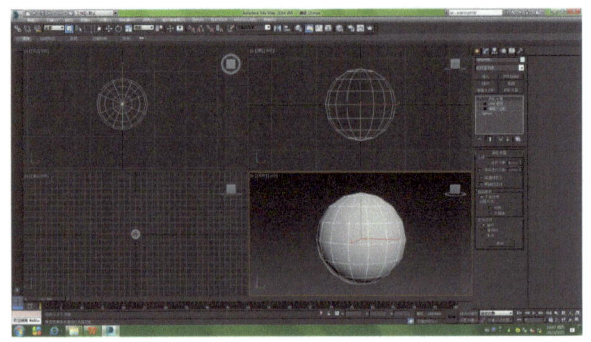

图 5.2-2

Step 2　添加可编辑多边形修改器，通过顶点、边线子层级借助移动、缩放工具调整球体的形状为蘑菇状，如图 5.2-3 所示。

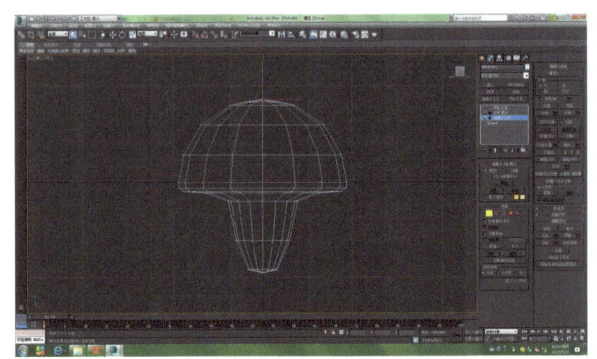

图 5.2-3

Step 3　添加 UVW 展开修改器，打开 UV 编辑器，如图 5.2-4 所示。

图 5.2-4

Step 4　进入边线子层级，循环选择，在炸开一栏中单击断开按钮，将蘑菇的表面分为蘑菇伞和伞柄两部分，如图 5.2-5 所示。

图 5.2-5

Step 5 进入多边形子层级,勾选按元素 UV 切换选择,在分离一栏单击重置剥按钮,如图 5.2-6 所示。

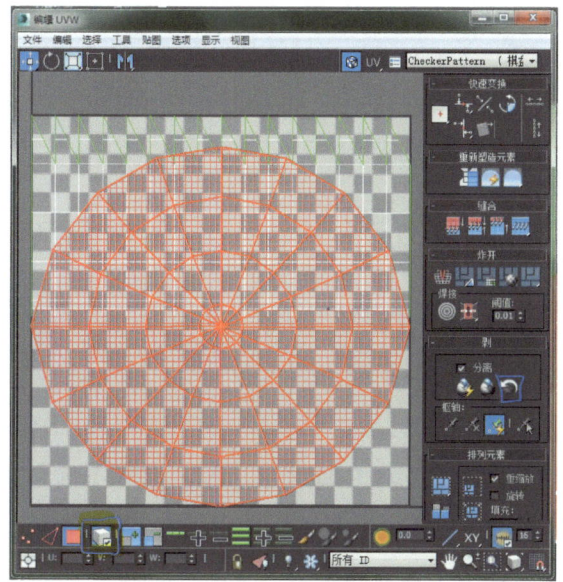

图 5.2-6

Step 6 将另一部分以同样的方法剥平,并将剥开的两个平面紧缩排列,如图 5.2-7 所示。

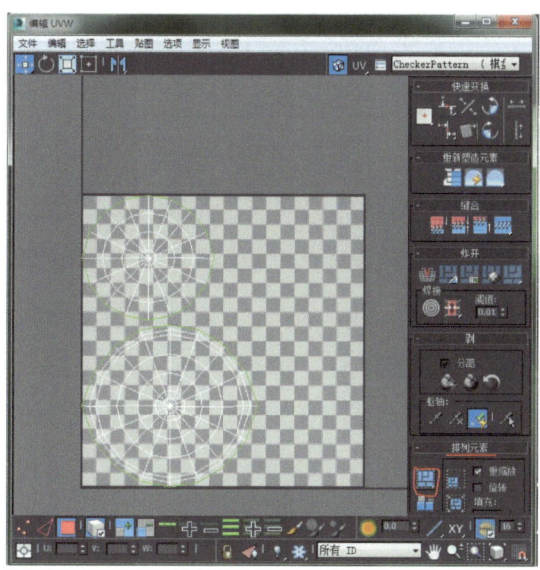

图 5.2-7

Step 7 调整平面的上下位置与蘑菇的上下保持一致,在工具菜单中选择松弛按钮,松弛模式设为"由多边形角松弛",将蘑菇伞展平,如图 5.2-8 所示。

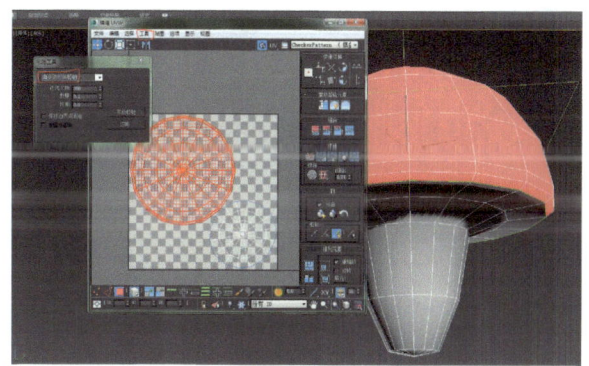

图 5.2-8

Step 8 在工具栏选择渲染 UVW 模板,在打开的渲染 UVs 窗口中单击渲染 UV 模板,如图 5.2-9 所示。

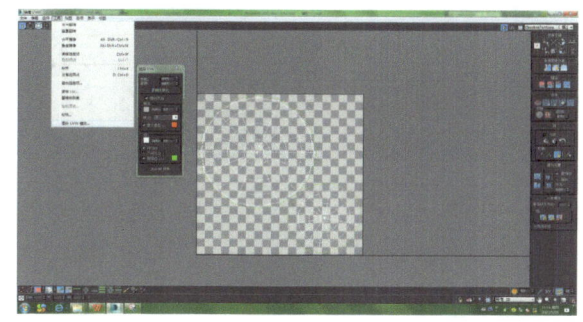

图 5.2-9

Step 9 将渲染好的 UV 模板保存为 JPG 格式的图片,如图 5.2-10 所示。

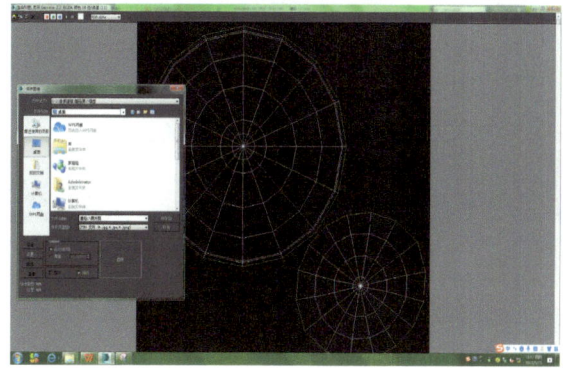

图 5.2-10

Step 10 打开 Photoshop 软件,将渲染的 UV 展开图导入进去,新建图层,绘制纹理,并覆盖相应的 UV 展开图,将制作好的蘑菇纹理贴图保存为 JPG 图片，如图 5.2-11 所示。

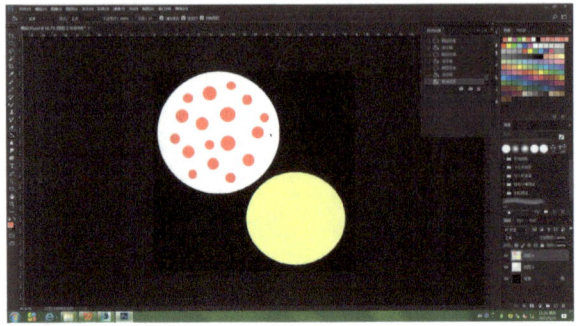

图 5.2-11

Step 11 打开 3ds Max 软件，给蘑菇模型添加一个空的材质球，在漫反射通道添加位图，打开制作好的蘑菇 UV 贴图，并显示出来，如图 5.2-12 所示。

图 5.2-12

Step 12 给蘑菇添加涡轮平滑修改器，迭代 2 次，渲染预览最终效果，如图 5.2-13 所示。

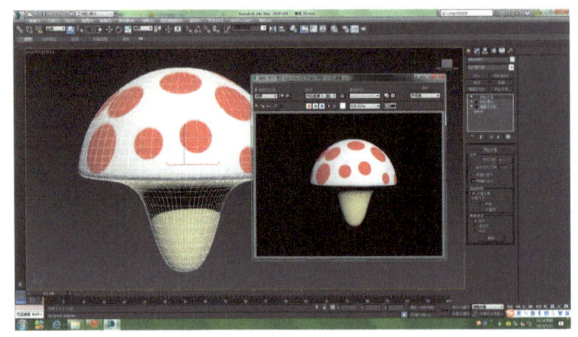

图 5.2-13

教学小结

本节主要讲解了蘑菇贴图的制作，通过 UVW 展开贴图修改器的运用，掌握对三维模型进行 UV 贴图的展开与绘制，学习基础的 UV 贴图制作流程。

5.2.3 实例二 武器道具制作

1. 实训目的与要求

（1）实训目的

运用 3ds Max 软件的可编辑多边形建模方法制作动画道具模型，举一反三，进行灯光的设置。

（2）实训要求

①创建的模型比例适当。

②效果美观。

2. 实训内容

（1）蘑菇造型建模。

（2）蘑菇 uv 贴图的制作。

3. 实训技巧

（1）道具的概念

道具设计是动画设计中的重要一环，作为不断推陈出新的视觉艺术形象，道具不仅是角色造型的重要组成部分，也是场景造型的主要建构元素，其重要性并不次于动画角色的表演。成功的道具设计具有生命力，感染力，作为个性化、标志性的视觉符号，提升形象魅力，渲染场景气氛，丰富画面效果。成功的道具设计还可以作为动画衍生品推广其商业价值。

（2）道具模型的类型

道具的分类有很多种。按照用途可分为：戏用道具（与角色表演发生直接关系的器具称戏用道具）、陈设道具（表演环境中的陈设器具称陈设道具）、气氛道具（为增强环境气氛，说明故事发生的时局、战况等特定情景的称气氛道具）。此外，还有连戏道具（说明故事情节连续性所需的道具，称连戏道具）。道具按体积的大小又可分为：大、中、小道具。（如科幻、战争题材中的军舰、飞船、坦克等机械设计属于大道具；桌椅、橱柜等家具设计属于中道具；茶壶、文具等生活用品属于小道具。）在动画中，道具依照功能可分为陈设道具和随身道具。

（3）道具的制作流程与方法

①可编辑多边形建模。

②UV 拆分。

③贴图绘制。

④灯光与渲染。

4. 实训操作步骤

Step 1 在前视图中创建一个平面，使平面的尺寸与参考图尺寸保持一致，将参考图片拖入透视图的平面内，如图 5.2-14 所示。

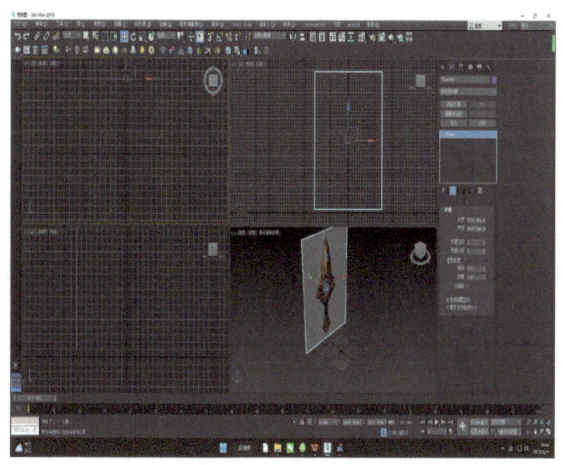

图 5.2-14

Step 2 在前视图中选择平面，右键点击打开"对象属性"窗口，将"以灰色显示冻结对象"取消勾选，并将平面冻结，如图 5.2-15 所示。

图 5.2-15

Step 3 创建一个长方体，设置长度分段为 4，如图 5.2-16 所示。

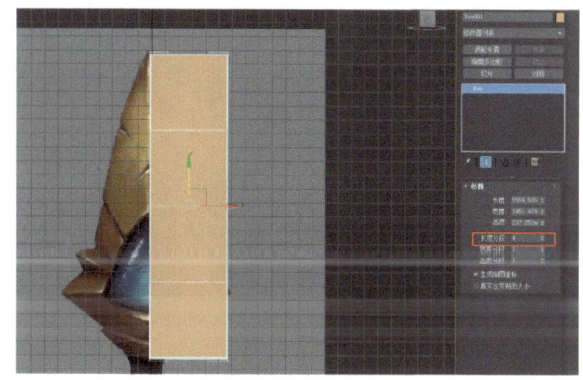

图 5.2-16

Step 4 为长方体添加可编辑多边形修改器，调整顶点的位置，使其形状与参考道具相似，如图 5.2-17 所示。

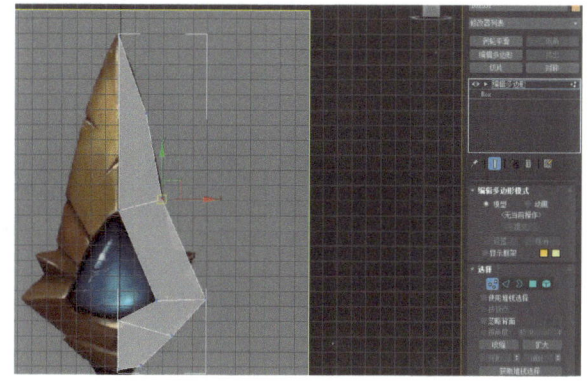

图 5.2-17

Step 5 将侧面的顶点选中，分别进行焊接，如图 5.2-18 所示。

图 5.2-18

Step 6 调整物体的轴心，使其与左侧边线对齐，层次—仅影响轴，借助移动工具调整轴心位置，如图 5.2-19 所示。

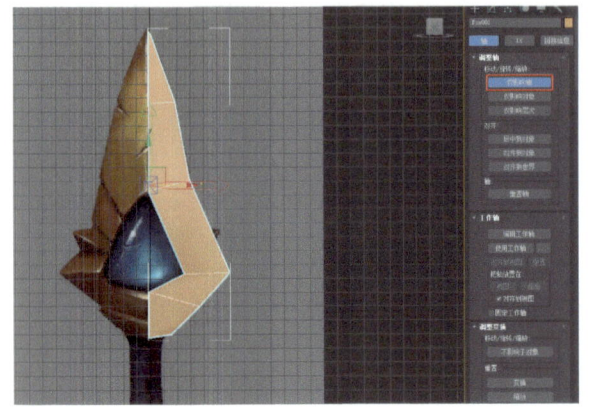

图 5.2-19

Step 7 添加对称修改器，镜像轴为 X 轴，如图 5.2-20 所示。

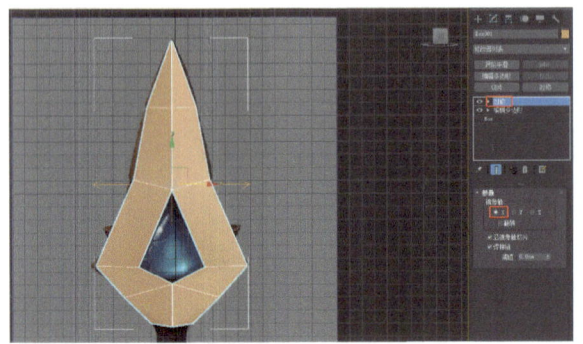

图 5.2-20

Step 8 【Alt+X】半透明化显示模型，通过编辑多边形顶点、边层级的剪切、连接等操作将形状调整为图片中的形状，如图 5.2-21 所示。

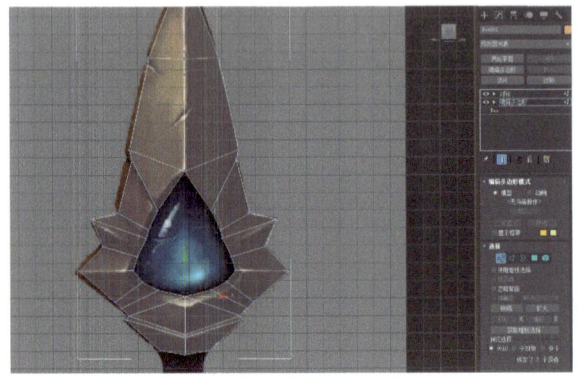

图 5.2-21

Step 9 选择中间的几根线，点击连接按钮，连接出新的线，如图 5.2-22 所示。

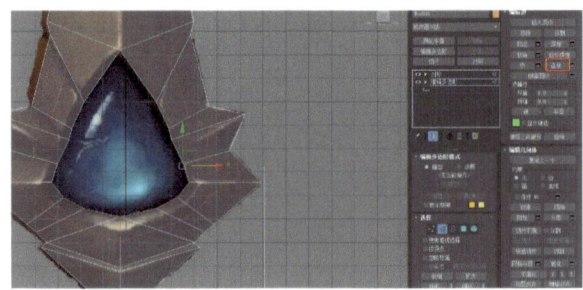

图 5.2-22

Step 10 在顶点子层级，约束到边，调整连接线上的顶点位置，如图 5.2-23 所示。

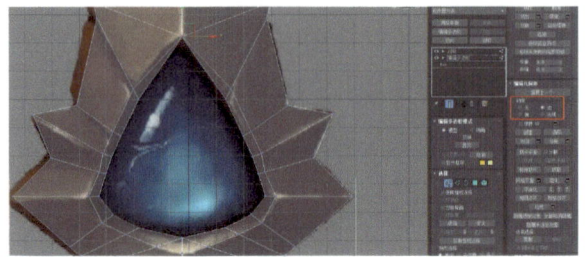

图 5.2-23

Step 11 创建一个圆锥体，位置状态调整如图，如图 5.2-24 所示。

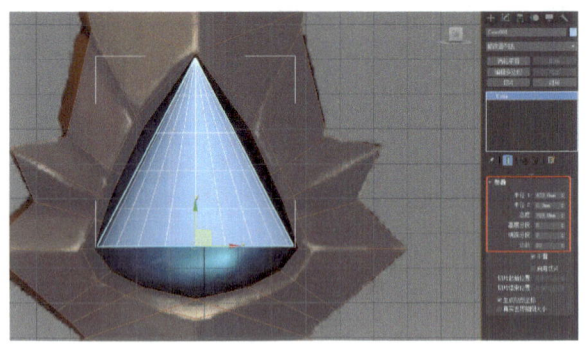

图 5.2-24

Step 12 添加编辑多边形修改器，进入顶点子层级，通过缩放和移动工具调整顶点的位置，如图 5.2-25 所示。

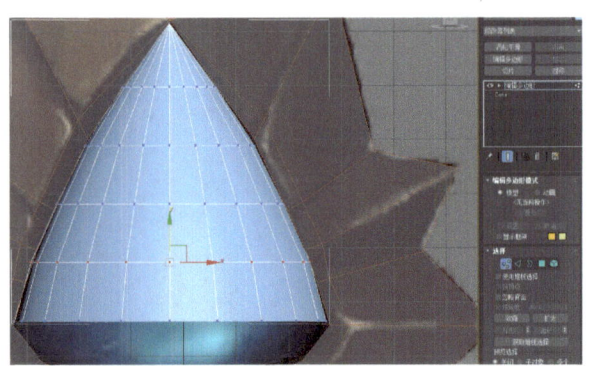

图 5.2-25

Step 13 调整圆锥体的端面点线，使其形状与图片中契合，如图 5.2-26 所示。

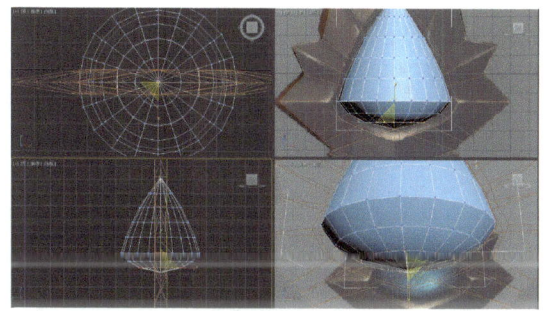

图 5.2-26

Step 14 创建一个圆柱体，设置好半径与高度，如图 5.2-27 所示。

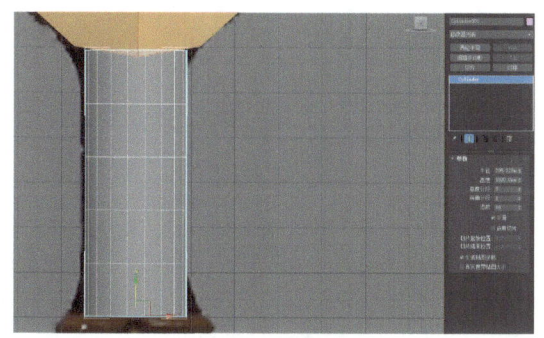

图 5.2-27

Step 15 给圆柱体添加可编辑多边形修改器，调整其形状，如图 5.2-28 所示。

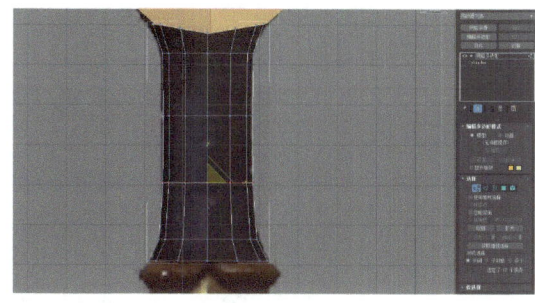

图 5.2-28

Step 16 创建一个长方体，设置其长度分段为 4，宽度分段为 2，如图 5.2-29 所示。

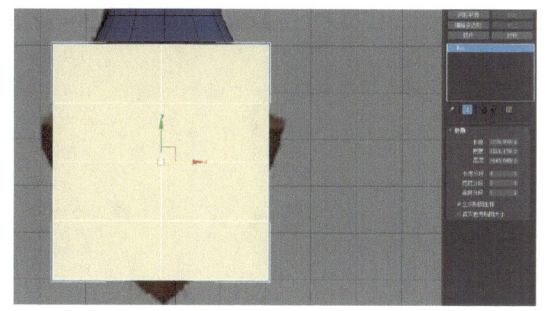

图 5.2-29

Step 17 添加可编辑多边形修改器，半透明显示，删除左侧的一半顶点，调节顶点的位置，如图 5.2-30 所示。

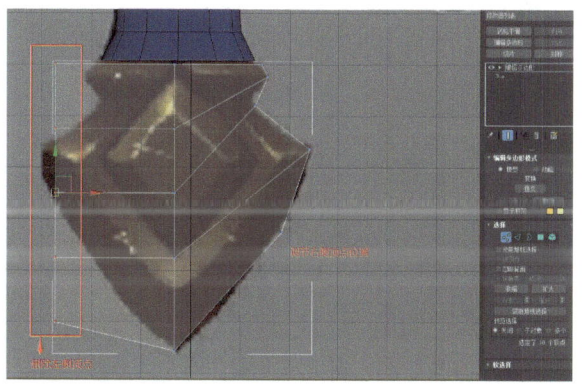

图 5.2-30

Step 18 右侧的顶点轮廓调整，如图 5.2-31 所示。

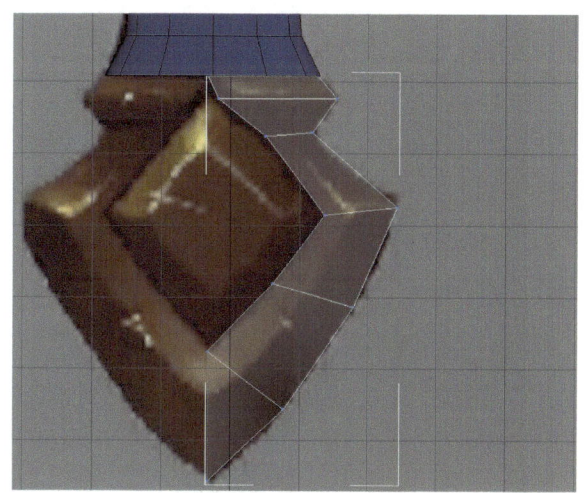

图 5.2-31

Step 19 选择中间的边线，连接出新的线，如图 5.2-32 所示。

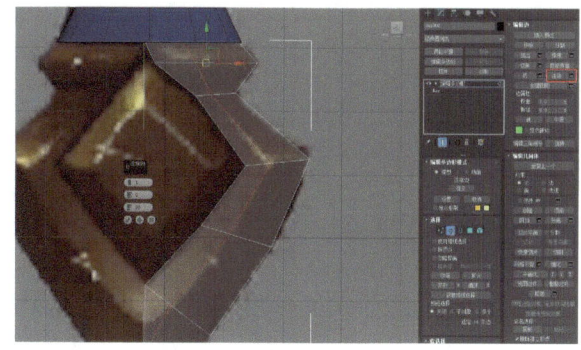

图 5.2-32

Step 20 调节连接线说的顶点位置，如图 5.2-33 所示。

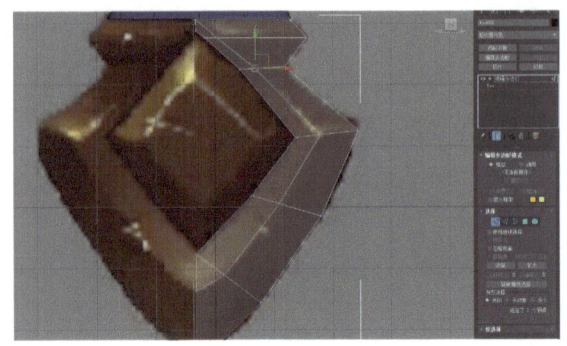

图 5.2-33

Step 21 添加【对称】修改器，使形状与图片吻合，如图 5.2-34 所示。

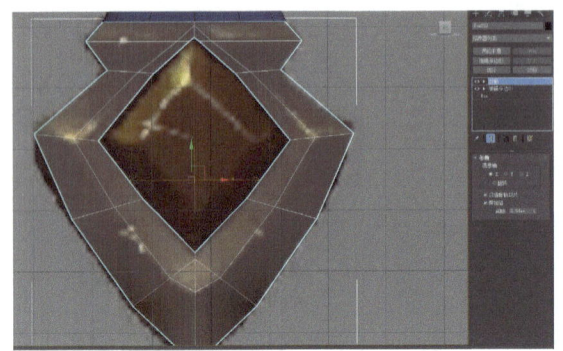

图 5.2-34

Step 22 创建一个圆柱体，边数设为 4，端面分段为 2，调整好高度，如图 5.2-35 所示。

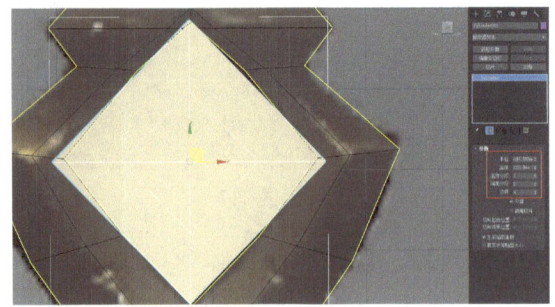

图 5.2-35

Step 23 孤立当前选择的对象，添加可编辑多边形修改器，调整顶点的位置，如图 5.2-36 所示。

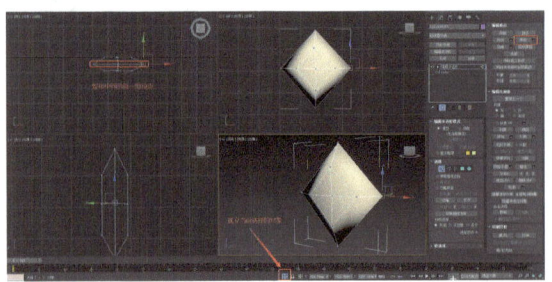

图 5.2-36

Step 24 将各部分添加 UVW 展开修改器，将顶端部分的对称修改器暂时关闭，如图 5.2-37 所示。

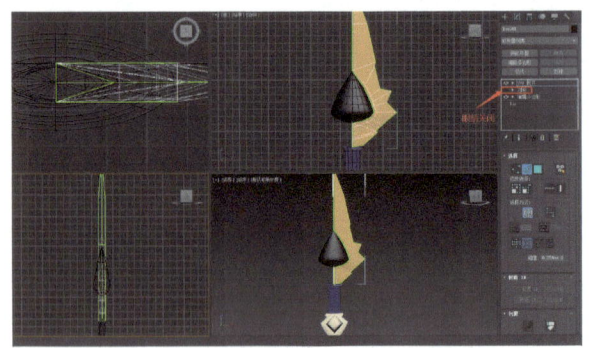

图 5.2-37

Step 25 打开 UV 编辑器，如图 5.2-38 所示。

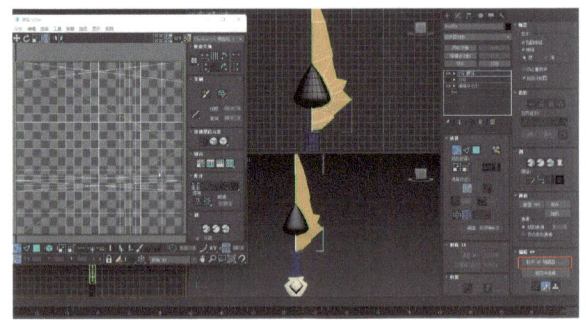

图 5.2-38

Step 26 选择侧面的一条边线，循环选择，断开，如图 5.2-39 所示。

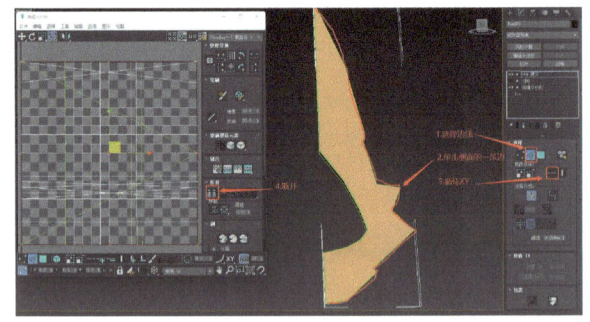

图 5.2-39

Step 27 以同样的方法将内侧的两根线断开，如图 5.2-40 所示。

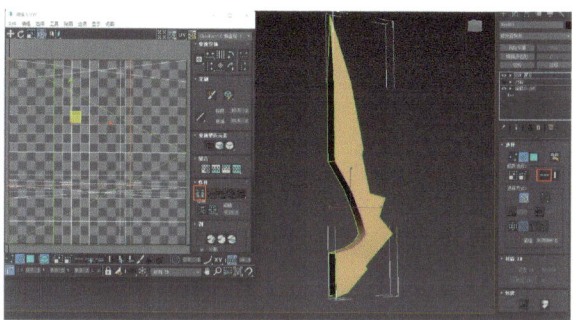

图 5.2-40

Step 28 选择面，按元素选择，选中单侧的面，如图 5.2-41 所示。

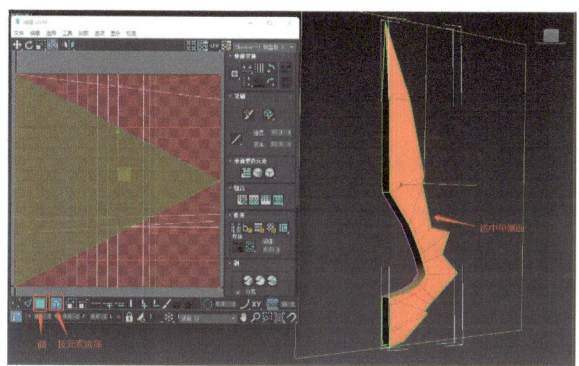

图 5.2-41

Step 29 单击重置剥，将单侧面展平，如图 5.2-42 所示。

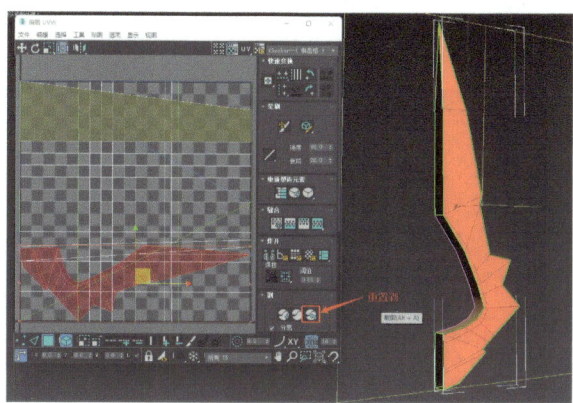

图 5.2-42

Step 30 选择一个内测面，点击【环UV】，选中整个内侧面，【重置剥】，如图 5.2-43 所示。

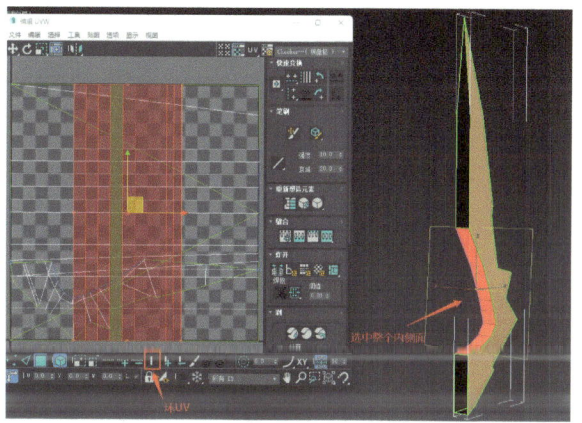

图 5.2-43

Step 31 将另一部分侧面选中，重置剥，如图 5.2-44 所示。

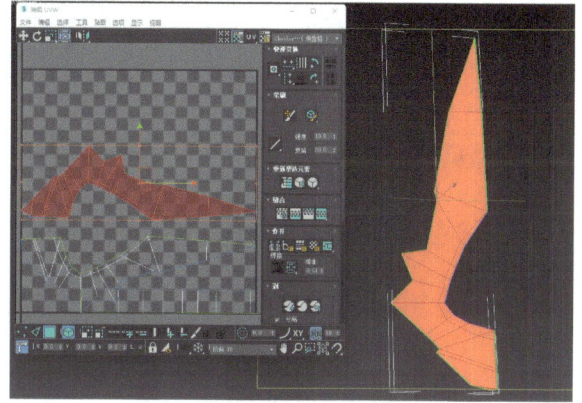

图 5.2-44

Step 32 将这三部分 UV 按照前后顺序放置，平铺排列好，如图 5.2-45 所示。

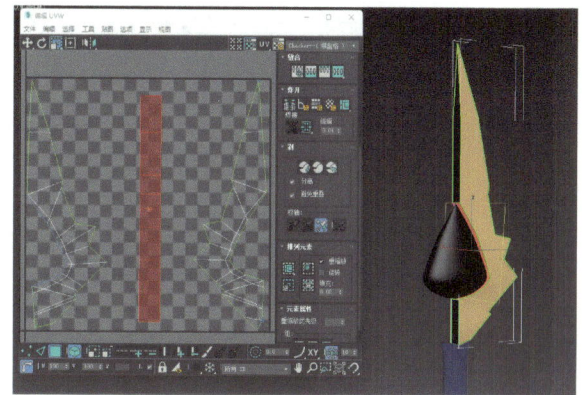

图 5.2-45

Step 33 打开工具菜单，渲染 UVW 模板，如图 5.2-46 所示。

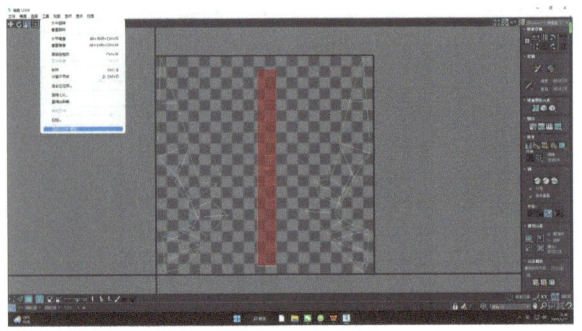

图 5.2-46

Step 34 将渲染好的 UV 保存为 JPG 图片，如图 5.2-47 所示。

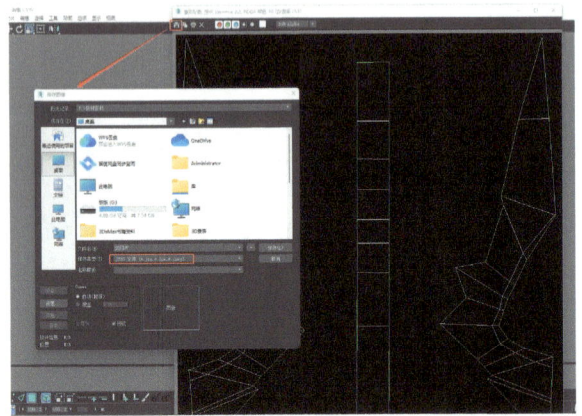

图 5.2-47

Step 35 打开 PHOTOSHOP 软件，导入渲染好的 UV，进行贴图绘制，并再次存储为 JPG 图片，如图 5.2-48 所示。

图 5.2-48

Step 36 打开 3ds Max 软件，选择一个材质球指定给剑刃，命名材质球，如图 5.2-49 所示。

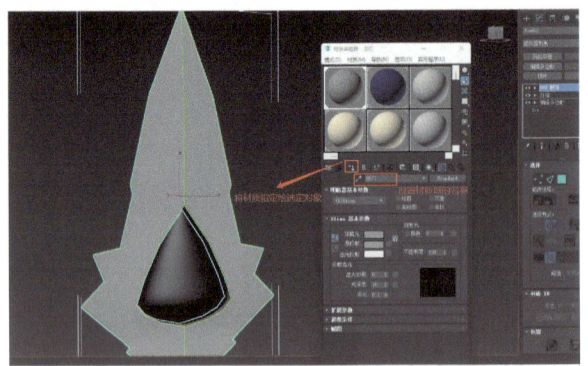

图 5.2-49

Step 37 在漫反射贴图通道上加载位图，选择绘制好的剑刃贴图，如图 5.2-50 所示。

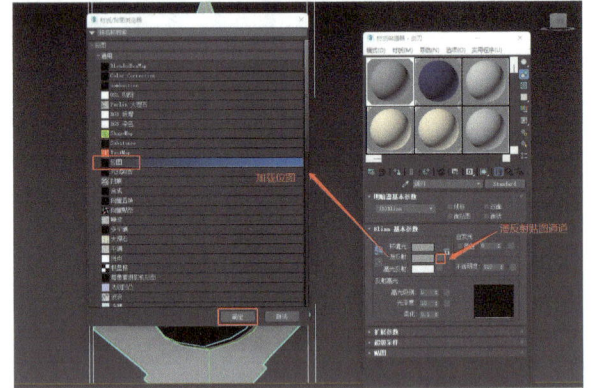

图 5.2-50

Step 38 显示贴图通道，查看效果，如图 5.2-51 所示。

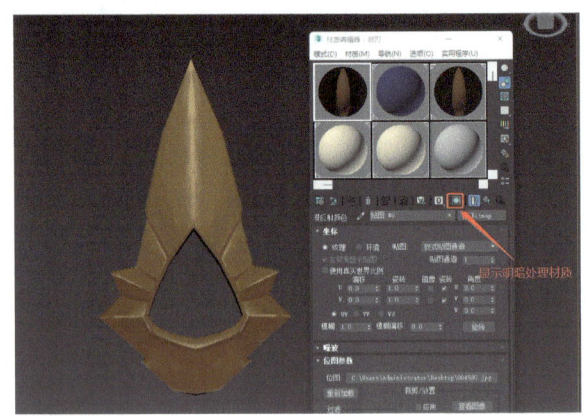

图 5.2-51

Step 39 为中间的宝石制作贴图，添加 UVW 展开修改器，选择中间的边线断开，如图 5.2-52 所示。

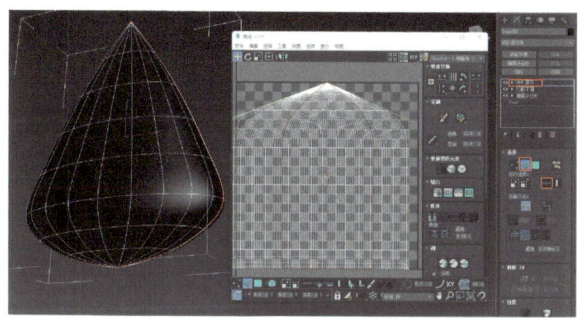

图 5.2-52

Step 40　选择分开的一面，快速剥，另一面进行同样的操作，如图 5.2-53 所示。

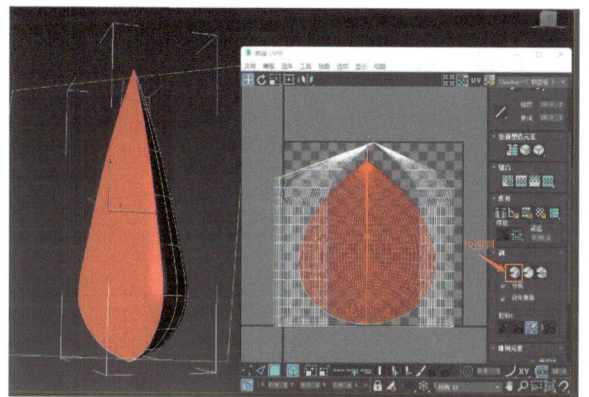

图 5.2-53

Step 41　打开工具菜单，松弛 - 由边角松弛，如图 5.2-54 所示。

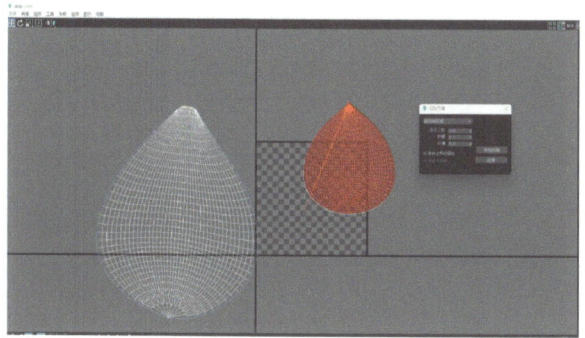

图 5.2-54

Step 42　将松弛好的 UV，自定义紧缩排列，如图 5.2-55 所示。

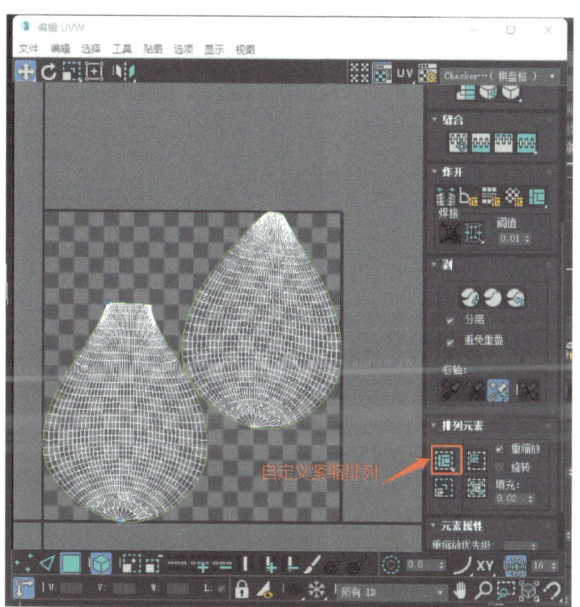

图 5.2-55

Step 43　工具菜单－渲染 UVs－渲染 UVW 模板－保存图像，如图 5.2-56 所示。

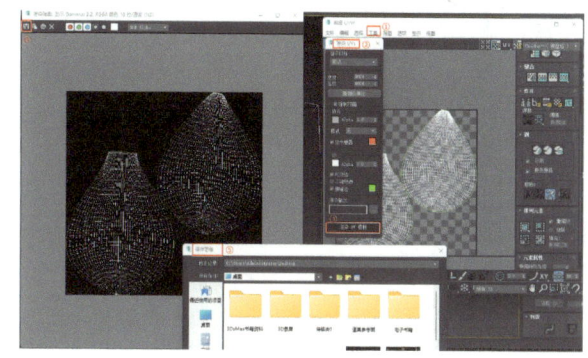

图 5.2-56

Step 44　打开 PHOTOSHOP 软件，导入渲染好的 UV 模板，绘制贴图，并保存导出，如图 5.2-57 所示。

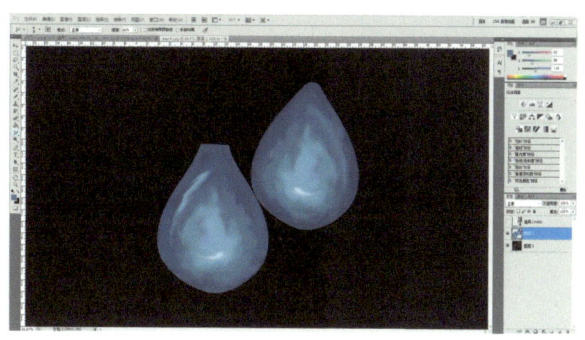

图 5.2-57

Step 45　打开材质编辑器，将空的材质球指定给模型，在漫反射贴图通道加载绘制好的贴图，如图 5.2-58 所示。

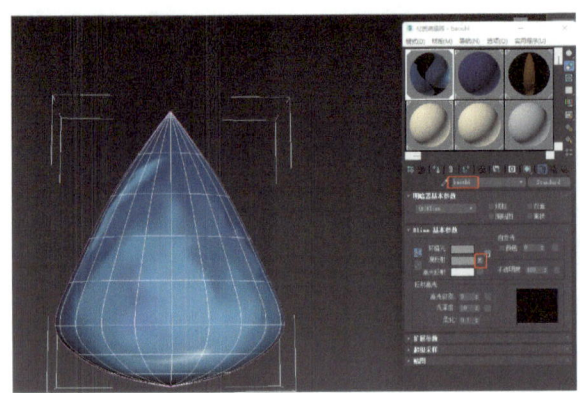

图 5.2-58

Step 46 其他部分的贴图绘制方法同上，添加灯光，渲染最终效果，如图 5.2-59 所示。

图 5.2-59

教学小结

通过本章学习，应了解动画道具制作的常见流程，材质与贴图的绘制方法，掌握对三维模型添加材质与贴图的基本方法和工作原理，以做到举一反三。

作业布置与要求

创建一组静物道具，物品自定，通过 UVW 展开贴图的方法逐个给道具设置贴图。

要求：

1. 模型比例适当。
2. 造型及配色得当。
3. 渲染图清晰美观。

第 6 章
崭露头角
—灯光与渲染

6.1 灯光设置

6.1.1 灯光基础知识

1. 3ds Max 的灯光基础

灯光是模拟实际灯光（例如家庭或办公室的灯、舞台和电影工作中的照明设备以及太阳本身）的对象，不同种类的灯光对象用不同的方法投射灯光，模拟真实世界中不同种类的光源。

当场景中没有灯光时，使用默认的照明着色渲染场景，可以添加灯光使场景的外观更逼真。照明增强了场景的清晰度和三维效果。除了获得常规的照明效果之外，灯光还可以用作投射图像。

3ds Max 中的默认照明包含两个不可见的灯光：一个灯光位于场景的左上方，而另一个位于场景的右下方。一旦创建了一个灯光，那么默认的照明就会被禁用。如果在场景中删除所有的灯光，则重新启用默认照明。

2. 3ds Max 的灯光类型

标准灯光

标准灯光是基于计算机的模拟灯光对象，如家用或办公室灯，舞台和电影工作时使用的灯光设备和太阳光本身，不同种类的灯光对象可用不同的方法投射灯光，模拟不同种拳的光源。与光度学灯光不同，标准灯光不具有基于物理的强度值。

光度学灯光

使用光度学（光能）值可以更精确地定义灯光，就像在真实世界一样，可以设置它们分布，强度，色温和其他真实世界灯光的特性，也可以导入照明制造商的特定光度学文件以便设计基于商用灯光的照明。光度学灯光的类型如图 6.1-1 所示。

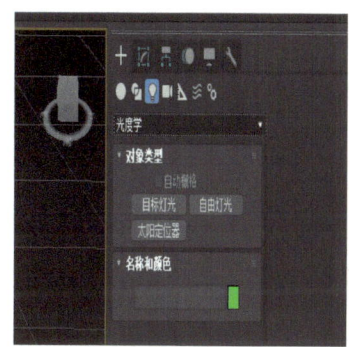

图 6.1-1

3. 灯光属性

（1）强度：强度：初始点灯光强度影响灯光照亮对象的亮度。投射在明亮颜色对象上的暗光只显示暗的颜色。

（2）入射角：曲面与光源倾斜的越多，曲面接收到的光越少并且看上去越暗，曲面法线相对于光源的角度称为入射角。：当入射角为 0 度（光源与曲面垂直）时，曲面由光源的全部强度照亮。随着入射角的增加，照明的强度减小。

（3）衰减：在现实世界中，灯光的强度将随着距离的加长而减弱。远离光源的对象看起来更暗；距离光源较近的对象看起来更亮。这种效果称为衰减。实际上，灯光以平方反比速率衰减。即其强度的减小与到光源距离的平方成比例。当光线由大气驱散时，通常衰减幅度更大，特别是当大气中有灰尘粒子如雾或云时。

（4）反射光和环境光：对象反射光可以

照亮其他对象。曲面反射光越多，用于照明其环境中其他对象的光也越多。反射光创建环境光。环境光具有均匀的强度，并且属于均质漫反射。它不具有可辨别的光源和方向。

（5）颜色和灯光：灯光的颜色部分依赖于生成该灯光的过程。灯光颜色为加性色；灯光的主要颜色为红色、绿色和蓝色（RGB）。当与多种颜色混合在一起时，场景中总的灯光将变得更亮并且逐渐变为白色。

3. 三点照明原则

一个复杂场景有许多布光方案，室内效果的布光，有个著名而经典的布光理论就是三点照明。

（1）主光：通常照亮场景中的主要对象与其周围区域，担任给主体对象投影功能。明暗关系由主体光决定，包括投轮廓光影的方向。主体光的任务根据需要也可以用几盏灯光来共同完成，如主光灯在15度到30度的位置上称顺光；在45度到90度的位置上称侧光；在90度到120度的位置上成为侧逆光。主体光常用聚光灯来完成。布光的特性使它为场景打一层底色，定义了场景的基调。

（2）辅助光：又称为补光。用一个聚光灯照射扇形反射面，以形成一种均匀的、非直射性的柔和光源，用它来填充阴影区以及被主体光遗漏的场景区憾，调和明暗区域之间的反差，同时能形成景深与层次，而且这种广泛均匀。

由于要达到柔和照明的效果，通常辅助光的亮度只有主光的50%～80%。

（3）轮廓光：又称背景光，它的作用是增加背景的亮度，从而衬托主体，并使主体对象与背景相分离，一般使用泛光灯，亮度宜暗，不可太亮。

4. 标准灯光的创建

（1）创建标准灯光

要创建标准灯光，请执行以下操作：

a. 在创建面板上，单击灯光。

b. 从下拉列表中选择标准灯光。

c. 在对象类型卷展栏中，单击要创建的灯光类型。

d. 单击视口或在视口中拖动可创建灯光。

一旦创建了一个灯光，默认照明就会被禁用。

e. 设置创建参数，与所有对象一样，灯光具有名称、颜色和常规参数卷展栏。如图6.1-2所示。

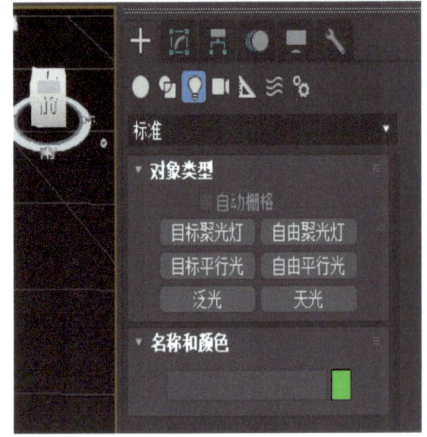

图 6.1-2

（2）标准灯光的类型

①目标平行光与自由平行光

所有平行光以一个方向投射平行光线。平行光主要用于模拟太阳光。平行光分为目标平行光和自由平行光两种。目标平行光会随着目标的变化，而变化自己的方向；而自由平行光不会。

②目标聚光灯与自由聚光灯

目标聚光灯是一种投射光束，可影响光束内被照射到的物体，产生种逼真的投影阴影。当有物体遮挡光束时，光束将被截断，且光束内的范围可以任意调整。目标聚光灯包含有两个部分："投射点""目标点"。

自由聚光灯是一个圆锥形图标，产生锥形照射区域，它是一种没有"投射目标"的聚光灯，通常用于运动路径上，或是与其他物体相连而以子对象方式出现。

③泛光灯

单个光源向各个方向投射光线。泛光灯用于辅助照明或模拟点光源。

④天光

天光用来建立日光的模型。可以设置天空的颜色或将其指定为贴图。对天空建模作为场景上方的圆屋顶。

（3）标准灯光的主要参数

①启用：启用和禁用灯光。启用状态时，使用灯光着色和渲染以照亮场景。禁用状态时，进行着色或渲染时不使用该灯光。

②灯光类型列表：更改灯光的类型。如果选中标准灯光类型，可以将灯光更改为泛光灯，聚光灯或平行光，如果选中光度学灯光，可以将灯光更改为点光源、线光源或区域灯光。

③目标：启用该选项后，灯光将成为目标。灯光与其目标之间的距离显示在复选框的右侧。对于自由灯光，可以设置该值。对于目标灯光，可以通过禁用该复选框或移动灯光或灯光的目标对象对其进行更改。

④阴影的类型与优缺点

常用的 5 种类型阴影贴图的优缺点如图 6.1-3 所示。

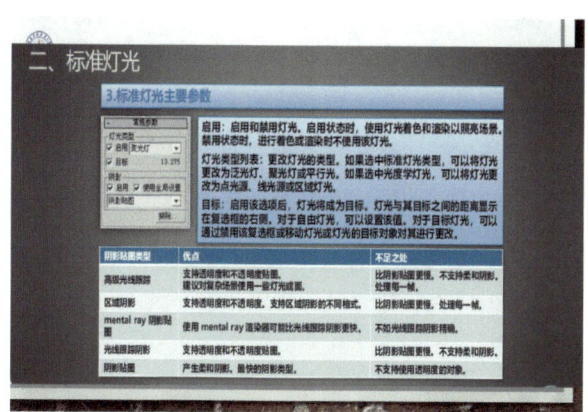

图 6.1-3

a. 高级光线跟踪

支持透明度和不透明度贴图。建议对复杂场景使用一些灯光或面。处理每一帧。

b. 区域阴影

支持透明度和不透明度，支持区域阴影的不同格式。比阴影贴图更慢。处理每一帧。

c. mental ray 阴影贴

使用 mental ray 渲染器可能比光线跟踪阴影更快。不如光线跟踪阴影精确。

d. 光线跟踪阴影

支持透明度和不透明度贴图比阴影贴图更慢。不支持柔和阴影。

e. 阴影贴图

产生柔和阴影。最快的阴影类型。不支持使用透明度的对象。

⑤倍增：将灯光的功率放大一个正或负的量。

⑥色样：显示灯光的颜色。

⑦衰退类型：无、反向或平方反比，使远处灯光强度减小

⑧近距衰减：设置灯光开始淡入和达到其全值的距离。

⑨远距衰减：设置灯光开始淡出和减为 0 的距离。

⑩显示圆锥体：启用或禁用圆锥体的显示。

a. 泛光化：当设置泛光化时，灯光将在各个方向投射灯光。

b. 聚光区/光束：调整灯光圆锥体的角度。

c. 衰减区/区域：调整灯光衰减区的角度

d. 圆/矩形：确定聚光区和衰减区的形状。如果想要一个标准圆形的灯光，应设置为圆形。如果想要一个矩形的光束（如灯光通过窗户或门口投射），应设置为矩形。

e. 颜色：显示颜色选择器选择此灯光投射的阴影的颜色。默认颜色为黑色，强度（密

度）：调整阴影的密度

f. 贴图：将贴图指定给阴影。贴图颜色与阴影颜色混合起来。

g. 灯光影响阴影颜色：启用此选项后，将灯光颜色与阴影颜色混合起来。

h. 大气阴影启用：启用此选项后，大气效果如灯光穿过他们一样投射阴影。不透明度：调整阴影的不透明度百分比。

i. 颜色量：调整大气颜色与阴影颜色混合的量百分比。

j. 添加：显示添加大气或效果对话框，使用该对话框可以将大气或渲染效果添加到灯光中。

k. 删除：删除在列表中选定的大气或效果。

大气和效果列表：显示所有指定给此灯光的大气或效果的名称。

l. 设置：使用此选项可以设置在列表中选定的大气或渲染效果。如果该项是大气，单击设置显示环境面板。如果该项是效果，单击设置显示效果面板。

6.1.2 实例一 三点布光

1. 实训目的与要求

（1）实训目的

运用 3ds Max 软件的标准灯光的各项设置进行场景氛围的营造，举一反三，进行灯光的设置。

（2）实训要求

①灯光与阴影的设置得当。

②最终环境氛围效果良好。

2. 实训内容

（1）目标平行光的设置。

（2）灯光的"三点照明"设置。

（3）辅助光的调整。

3. 实训操作步骤

Step 1 打开制作好的角色模型，将模型各部位选中，进行组合，以便于后面的操作。

Step 2 搭建背景环境。在顶视图创建一个平面作为地面，并将平面旋转 90°复制出另一个平面，作为背景，适当调整平面的位置。创建一个长方体，作为角色展示的平台，如图 6.1-4 所示。

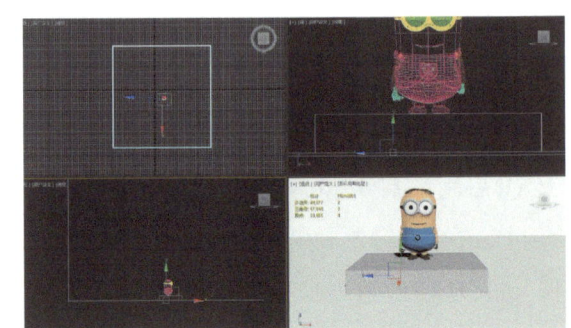

图 6.1-4

Step 3 设置主灯光。创建标准灯光 -- 目标聚光灯，启用阴影，灯光强度为 0.8，颜色为白色，调整聚光灯参数的聚光区 / 光束大小为 40.0 mm，衰减区 / 区域大小为 100.0 mm，如图 6.1-5 所示。

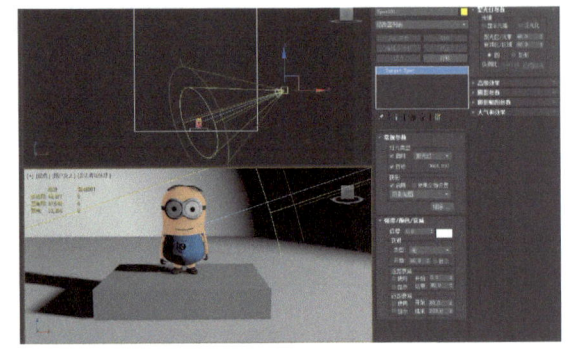

图 6.1-5

Step 4 渲染预览主灯光的效果，发现场景内的光线过暗，如图 6.1-6 所示。

第 3 部分　材质贴图与渲染

图 6.1-6

Step 5　创建辅助灯光。在顶视图创建一个目标聚光灯，方向与主光方向一致，且形成 30°左右的夹角，不勾选启用阴影，倍增强度设为 0.3；调整聚光灯参数的聚光区 / 光束大小为 40.0 mm，衰减区 / 区域大小为 60.0 mm，如图 6.1-7 所示。

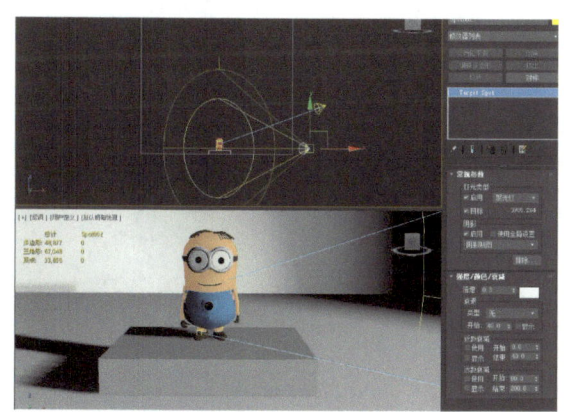

图 6.1-7

Step 6　创建补光，创建一个泛光灯，位置方向在主光与辅助光的相反方向，倍增设为 0.2，不勾选启用阴影，如图 6.1-8 所示。

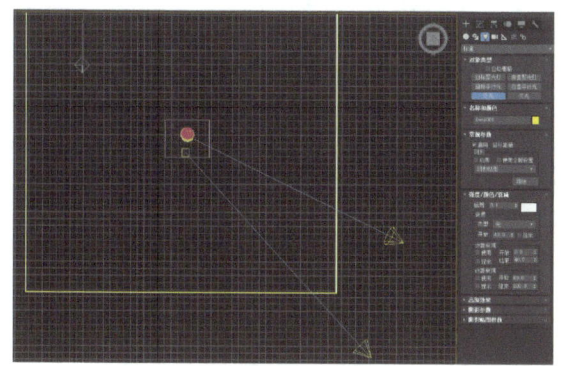

图 6.1-8

Step 7　创建辅助灯光，在顶视图创建一个天光，置于任意位置，启用投射阴影，倍增

强度设为 0.1，如图 6.1-9 所示。

图 6.1-9

Step 8　将展示台的颜色换成蓝色，调整主灯光的阴影类型为【光线跟踪阴影】，渲染预览最终效果，如图 6.1-10 所示。

图 6.1-10

教学小结

本节主要讲解了标准灯光中常用的目标聚光灯、泛光灯和天光的设置方法，掌握对物体运用"三点布光"的方式打光的方法与流程，完成简单场景的灯光氛围营造。

6.1.3　实例二　午后的海边

1. 实训目的与要求

（1）实训目的

运用 3ds Max 软件的标准灯光的各项设置进行场景氛围的营造，举一反三，进行灯光的设置。

105

（2）实训要求

①平行光与阴影的设置得当。

②最终环境氛围效果良好。

2. 实训内容

（1）目标平行光的设置。

（2）天光的运用。

3. 实训操作步骤

Step 1 打开制作好的海边场景模型，如图 6.1-11 所示。

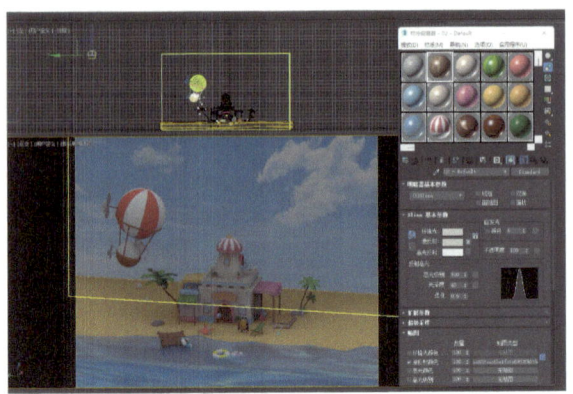

图 6.1-11

Step 2 创建标准灯光—目标平行光，启用阴影，灯光强度为 0.8，颜色为白色，调整平行光参数的聚光区 / 光束，勾选泛光化，如图 6.1-12 所示。

图 6.1-12

Step 3 渲染预览主灯光的效果，如图 6.1-13 所示。

图 6.1-13

Step 4 创建辅助灯光，在顶视图创建一个天光，置于任意位置，不启用阴影，倍增强度设为 0.4，如图 6.1-14 所示。

图 6.1-14

Step 5 适当调整各个灯光的位置，渲染预览最终效果，如图 6.1-15 所示。

图 6.1-15

Step 6 打开渲染设置，将输出大小设为自定义，宽度为 5000，高度为 4000，预览最终的画面效果，并保存好渲染的图像，如图 6.1-16 所示。

图 6.1-16

教学小结

本节主要讲解了标准灯光中常用的目标平行灯和泛光灯的设置方法，以及对光线强度的调节，以便于营造出不同光线氛围下的场景。

6.2 渲染设置

6.2.1 渲染的基础知识

1. 什么是 3D 渲染？

渲染从 3D 建模中获取数据，并使用高级 3D 渲染软件对其进行进一步调整和处理。

3D 渲染主要用于添加规范和增强设计效果，创建流畅的演示，因为模型具有不同的颜色种类和精加工选项。

2. CPU 和 GPU 渲染之间的区别

目前在 3D 软件中有两种主要的演染方法：

（1）CPU 渲染

CPU 渲染使用处理器。

它需要在渲染期间 100% 的时间使用所有 CPU 内核。

与 GPU 渲染相比，CPU 渲染速度非常慢。

如果您需要 PC 进行渲染，请选择具有尽可能多内核的 CPU。与建模相反，处理可以在单个 CPU 内核上完成。

注意，CPU 的内核越多，PC 消耗的功率就越多，产生的热量也就越多，这可能会影响 PC 的效率。

（2）GPU 渲染

GPU 渲染使用显卡。

由于详细的 3D 图像和良好的效果，GPU 最近在 3D 世界中流行起来。

在许多情况下，GPU 渲染引擎要快得多。

GPU 减轻了 CPU 的压力，让计算机平稳运行。

3. 渲染的基础设置

在工具栏的右侧提供了几个用于渲染按钮，主要用于渲染工作。下面将对经常用到的几个渲染按钮分别进行介绍。

【渲染设置】按钮：其快捷键是 F10，3ds Max 中最为标准的渲染工具，按下它会弹出【渲染设置】面板，进行各项渲染设置。菜单栏中的【渲染】【渲染设置】菜单命令与此工具的用途相同。一般对一个新场景进行渲染时，应使用（渲染设置）工具，以便进行渲染设置，在此以后可以使用（渲染迭代）按钮，按照已完成的渲染设置再次进行渲染，从而可以跳过渲染设置环节，加快制作速度。

【渲染帧窗口】按钮：单击该按钮可以显示上次渲染的效果。

【渲染产品】按钮：其快捷键是 F9，使用该工具按钮可以按照已完成的渲染设置再次进行渲染从而跳过设置环节，加快制作速度。快速执行渲染只需单击工具栏中的（渲染产品）按钮则自动以【渲染场景】所设定的参数执行渲染的工作。

【渲染迭代】按钮：渲染迭代命令，可从主工具栏上的渲染弹出按钮中启用，该命令可在迭代模式下渲染场景，而无须打开【渲染设置】对话框。【迭代渲染】会忽略文件输出、网络渲染、多帧渲染、导出到 MI 文件，以及电子邮件通知。在图像（通常对各部分迭代）上执行快速迭代时使用该选项。例如，处理最终聚集设置、反射或者场景的特定对象或区域。同时，在迭代模式下进行渲染时，渲染选定或区域会使渲染帧窗口的其余部分保留完好。

（ActiveShade）按钮：ActiveShade 提供预览渲染，可帮助您查看场景中更改照明或材质的效果。调整灯光和材质时，ActiveShade 窗口交互地更新渲染效果。

6.2.2 实例一 教室空间制作

1. 实训目的

结合 Auto CAD 建筑平面图，运用 3ds Max 软件制作教室场景模型，并进行材质添加和灯光氛围的营造。

2. 实训内容

（1）Auto CAD 平面图与 3ds Max 软件的结合运用。

（2）教室场景模型的创建。

（3）Vray 材质的添加。

（4）Vray 灯光的设置。

（5）Vray 渲染与后期调整。

3. 实训操作步骤

（1）空间建模创建

室内设计的空间组织，包括平面布置，首先要了解原有建筑的总体布局、功能分析、人员流动方向以及结构体系等，并予以完善、调整或再创造。教室空间是学生最为熟悉，也是接触最多的室内空间，对于空间结构、配置、色彩的把握会更容易。具体步骤如下：

Step 1 启动 3ds Max 软件，单击菜单栏中的"自定义""单位设置"命令，在弹出的"单位设置"对话框中设置单位。

Step 2 点击大图标，找到"导入"，将整理好的教室 CAD 图导入到 3ds Max 的建模空间内，准备进行墙体建模，如图 6.2-1 所示。

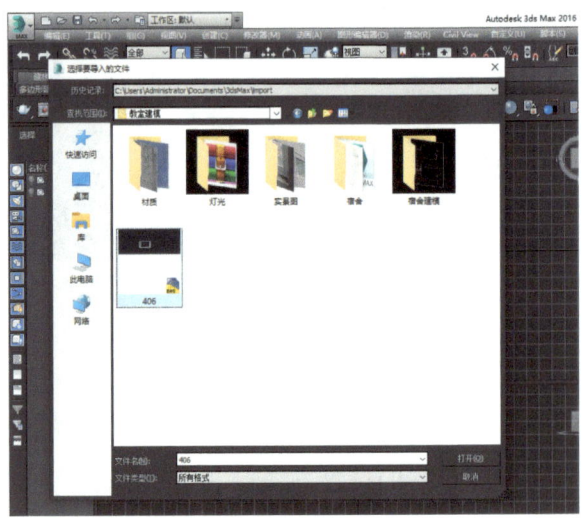

图 6.2-1

Step 3 选中平面图，单击鼠标右键，点击【冻结当前选项】，如图 6.2-2 所示。

图 6.2-2

Step 4 墙体建模：点击【创建】中的【图形】，选择【样条线】中的【线】命令，沿着教室内轮廓进行描绘，在右侧命令面板"修改器列表"中找到"挤出"命令，在"参数"处输入挤出的具体数值，这里教室层高为 3750.0 mm，分段保持默认 1 即可。

Step 5 门窗建模：根据实地测量尺寸，利用可编辑多边形"连接"命令，确定门窗具体位置及尺寸，切换"面"层级，选中门窗，"挤出"墙厚，按 delete 删除即可。

（2）材质赋予

材料质地的选用，是室内设计中直接关系到实用效果和经济效益的重要环节。饰面材料的选用，同时具有满足使用功能和人们身心感受这两方面的要求，例如坚硬、平整的花岗石地面，平滑、精巧的镜面饰面，轻柔、细软的室内纺织品，以及自然、亲切的木质面材等。室内设计毕竟不能停留于一幅彩稿，设计中的形、色，最终必须和所选"载体"一材质相统一，在光照下，室内的形、色、质融为一体，赋予人们以综合的视觉心理感受。

①墙面乳胶漆

a.漫反射：接近于白，浅灰，参数设置如图 6.2-3 所示。

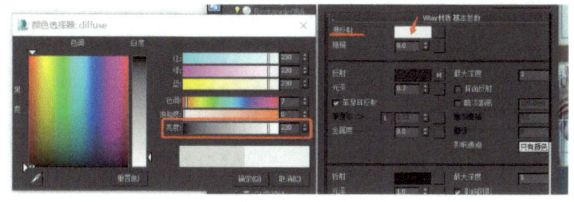

图 6.2-3

b.反射：接近黑色，参数设置如图 6.2-4 所示。

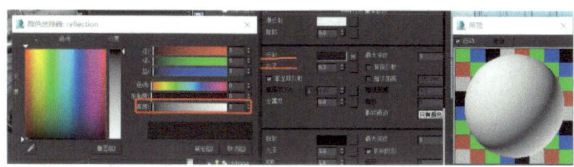

图 6.2-4

c.光泽：0.7 左右。

②清玻璃

a.漫反射：接近于白，浅灰，参数设置如下图所示。

b.反射：浅灰，参数设置如图 6.2-5 所示。

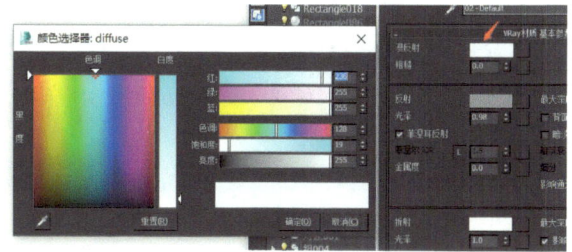

图 6.2-5

c.光泽：0.95—0.98 左右，参数设置如图 6.2-6 所示。

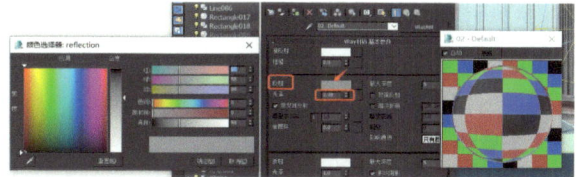

图 6.2-6

d.折射：接近白，参数设置如图 6.2-7 所示。

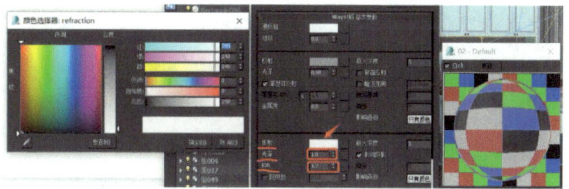

图 6.2-7

e.光泽：保持 1（调节磨砂玻璃）。

f.IOR 折射率：1.6—1.7。

③木纹

a.漫反射：后面添加木纹位图（UVW 贴图），如图 6.2-8 所示。

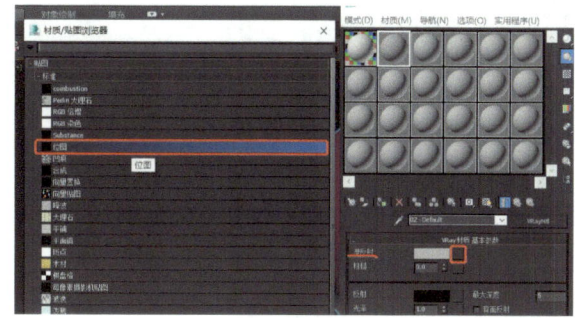

图 6.2-8

b.反射：越接近白色反射越强，偏灰即可。

c.反射光泽：越接近 1 反射越清晰，0.7 左右即可，如图 6.2-9 所示。

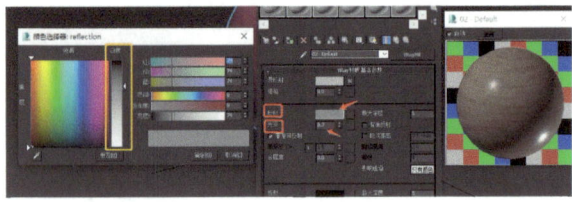

图 6.2-9

d. 凹凸：贴图层级—木纹对应的黑白贴图（白凹黑平/凸）—凹凸数值调低。

e. 纹理：凡是有纹理的贴图，都要给一个 UVW 贴图—改变疏密：一般情况选择长方体—通过长宽高调节纹理大小（整数调节），如图 6.2-10 所示。

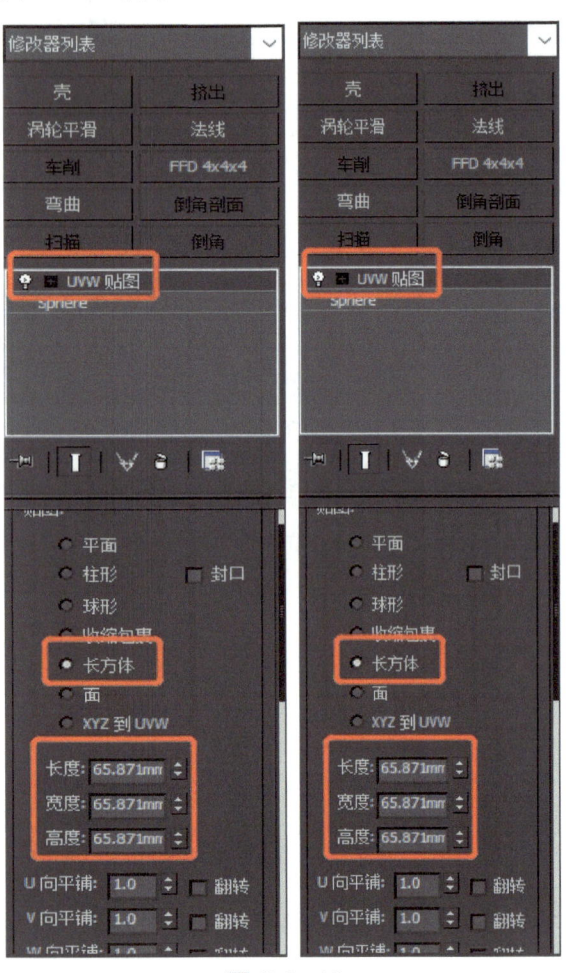

图 6.2-10

④ 大理石

a. 漫反射：后面添加大理石位图（UVW贴图），如图 6.2-11 所示。

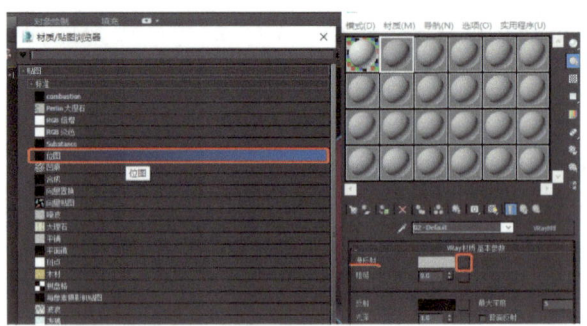

图 6.2-11

b. 反射：接近白色。

c. 反射光泽：0.85-0.9 左右即可。

⑤ 纱布

a. 首先打开 3ds Max，在这里准备了一个窗帘，打开材质编辑器，给它命名为半透明纱布，然后赋给这个窗帘，如图 6.2-12 所示。

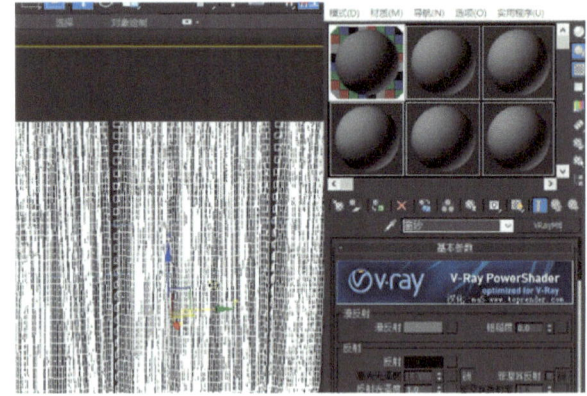

图 6.2-12

b. 把 3ds Max 半透明纱布材质的漫反射调成白色，白色的窗纱，它的反射可以忽略不计，如图 6.2-13 所示。

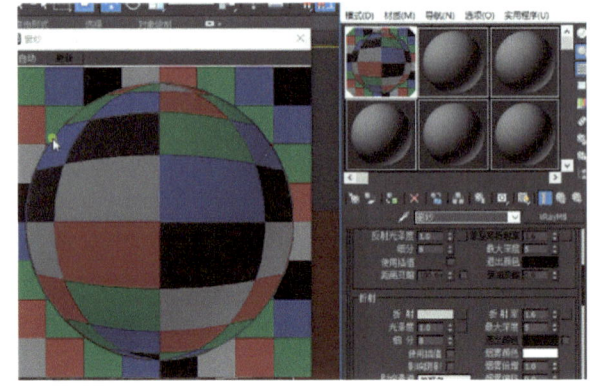

图 6.2-13

c. 因为不同的窗纱，它的折射、灰度也不太一样，有的更透明一些，有的可能不太透明。所以我们给这个 3ds Max 材质的折射度随意设定一个灰度就可以了，如图 6.2-14 所示。

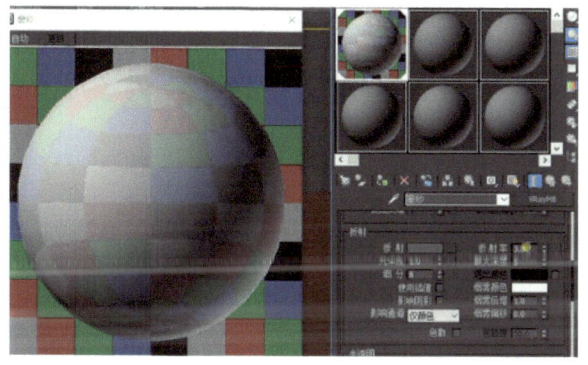

图 6.2-14

d. 在这里正常情况下折射率默认为 1，就像空气中的折射，几乎没有折射。但是默认为 1 之后，会因为 3ds Max 的 bug 而导致半透明纱布材质上出现很多绿色噪点。所以要把折射率调成 1.01，无限接近于 1，如图 6.2-15 所示。

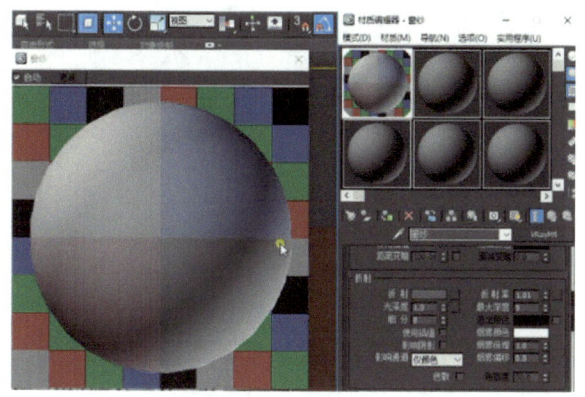

图 6.2-15

e. 那我们来渲染一下这个半透明纱布，看一下它的整体效果，如图 6.2-16 所示。

图 6.2-16

（3）Vray 灯光

室内光照是指室内环境的天然采光和人工照明，光照除了能满足正常的工作生活环境的采光、照明要求外，光照和光影效果还能有效地起到烘托室内环境气氛的作用。

色彩是室内设计中最为生动、最为活跃的因素，室内色彩往往给人们留下室内环境的第一印象。色彩最具表现力，通过人们的视觉感受产生的生理、心理和类似物理的效应，形成丰富的联想、深刻的寓意和光和色不能分离，除了色光以外，色彩还必须依附于界面、家具、室内织物、绿化等物体。室内色彩设计需要根据建筑物的性格、室内使用性质、工作活动特点、停留时间长短等因素，确定室内主色调，选择适当的色彩配置。

场景中的灯光可分为几种不同的灯光类型，如射灯、台灯、天光等，通过不同光线的渲染效果主要烘托场景中夜晚光照的环境氛围。

① Vraylight

单击（灯光）按钮，在顶视图使用拖动的方式创建一盏平面类型的 VR 光，将其命名为"补光"，同时在修改面板中调整其相关参数，VRay 灯光参数：a. √开；类型：穹顶灯（相当于环境光，补光作用）；平面；球体（用于局部灯具灯泡）】。

在前视图中根据窗户的平面尺寸，将灯片尺寸尽量调整与其对应，随后关联拷贝并将其旋转移至四周，同时将其调整为合理角度。

②光度学

依次单击（灯光）按钮、目标光按钮，在前视图中拖动鼠标，便随后创建一盏目标灯光将其命名为"射灯 01"，将此灯光移动到"射灯模型 01"之下，同时以"实例"复制的方式分别将其复制到所有"射灯模型"之下，单击任意一盏"射灯"，在修改面板中为其添加名为"经典筒灯 .ies"的光域网文件，同时调整相关参数。

常规参数：a. 灯光属性：√启用；b. 阴影：√启用；选择"VRayShadow"；c. 灯光分布（类型）：（光度学 Web）。调节强度\颜色\衰减：a. 过滤颜色：（调节颜色）；b. 强度：（cd 发光强度）；b. 结果强度：100 就是强度基础上的 1 倍。

③目标平行光

依次单击（灯光）按钮、标准中目标平行光，常规参数：a. 阴影：√启用；选择"VRayShadow"；b. 倍增：调节强度；c. 颜色：调节光照冷暖；平行光参数：聚光区；衰减区。

（4）模型导入

家具、陈设、灯具、绿化等室内设计的内容，相对地可以脱离界面布置于室内空间里，在成都写字楼装修室内环境中，实用和观赏的作用都极为突出，通常它们都处于视觉中显著的位置，家具还直接与人体相接触，感受距离最为接近。家具、陈设、灯具、绿化等对烘托室内环境气氛，形成室内设计风格等方面起到举足轻重的作用。室内绿化在现代室内设计中具有不能代替的特殊作用。室内绿化具有改善室内小气候和吸附粉尘的功能，更为重要的是，它能给室内环境带来自然气息，令人赏心悦目。

（5）摄像机

依次单击下"创建"按钮、图"摄像机"按钮和按钮，在顶视图中创建一盏摄像机，其目标点与摄像机点尽可能要保持平衡，以便从水平角度更好地观察整体室内空间。

将摄像机激活，单击"修改"按钮，调整其具体参数。结合参数调整摄像机具体观看角度，以得到较为理想的视图效果。

（6）渲染出图

Step 1 继续上面的操作步骤，按 [F10] 键，打开"染场景"对话框，将预设调入场景之中，同时对场景进行渲染，以观察整体布局的设置变化。

Step 2 在确保场景布局基本合理的基础上，优化模拟天光的平面光及射灯细分参数，以提高渲染质量。

Step 3 在"渲染场景"对话框中，将光子图的输出尺寸调整为 2000.0 mm × 2000.0 mm（如图 6.2-17 所示），同时设置相关渲染参数（如图 6.2-18 所示），并将其渲染、保存。

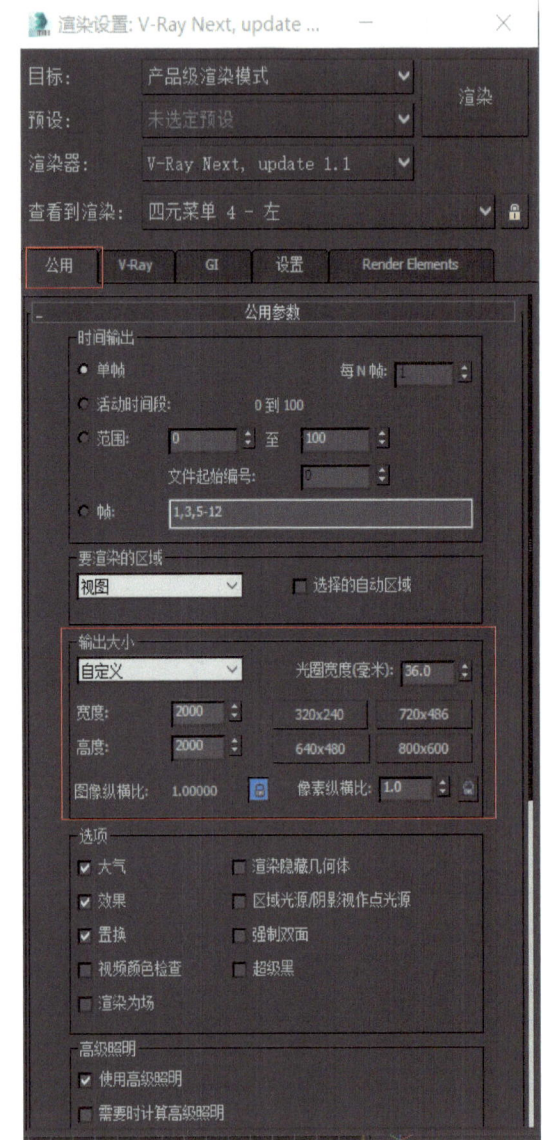

图 6.2-17

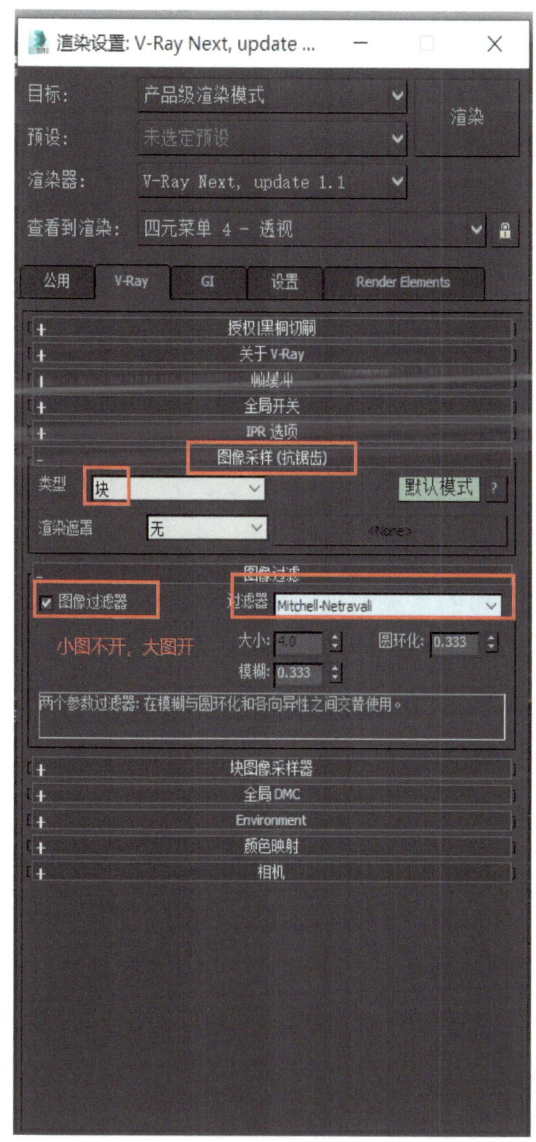

图 6.2-18

Step 4 块图像采样器：a. 大图：1/24/0.01（可以更小）b. 中图：1/8/0.08，全局 DMC：锁定噪波图案、使用局部细分：保持默认√。

Step 5 发光贴图：a. 非常低：30（细分），20（插值）；b. 中：60（细分），40（插值）；c. 高：80（细分），60（插值）；d. 非常高：120（细分），80（插值）。灯光缓存：a. 小图：400（细分），0.01（采样大小）；b. 中图：1000（细分），0.01（采样大小）；c. 大图：2400（细分），0.005（采样大小）；

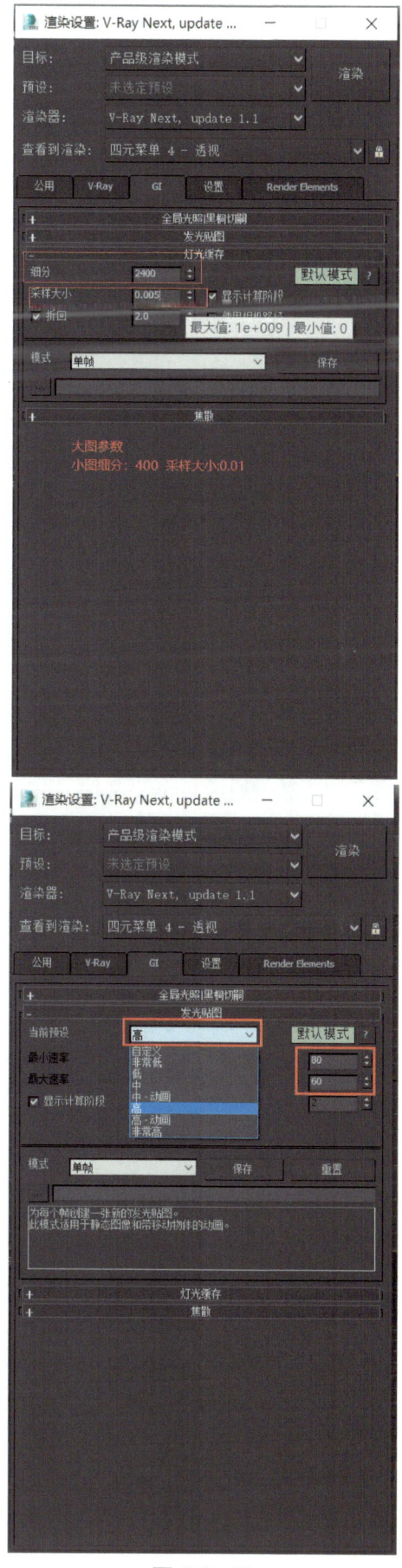

图 6.2-19

Step 6 调整渲染尺寸、类型及输出路径，选择相应摄像机渲染窗口，单击"渲染"按钮，将此场景中的.max文件以"教室出图.tif"命名的二维图像染输出，如图6.2-19所示。

Step 7 观察染成品图，按[Ctr+S]组合键，将"教室出图Max"文件快速保存。

Step 8 从所输出的成品图像中，便可分辨出VRay渲染插件其不同于其他三维渲染软件的渲染差别，其表现出光感与材质都较为理想。但在细节之处还需使用Photoshop软件进行重点修复，以得到更为精确的质感体现。

其中渲染通道图像是为了更为便捷地将输出图像在Photoshop软件中进行选取和修改。通过通道设置所渲染的图像，被设置成不同单色色块的，进而可以提高修改效率。具体操作如下：继续上面的操作步骤，单击菜单栏中的"文件"（File）"另存为"（Save as）命令，将此场景另存为"教室通道.max"文件。

在主工具栏中的选择过滤器中选择灯光选项，按[Ctrl+A]组合键，将所有的灯光选择，随后按[Delete]键，将所有选中的灯光删除。

按[M]键，将"材质编辑器"对话框开启，选择名为"墙体材质"的示例球，单击。"获取材质"按钮，将材质恢复为"标准"材质，并调整其相关参数设置。在调整的过程中，临近模型其单色材质的色彩尽量区分明显，以将所输出的通道图像在Photoshop软件中更加分明易选。

Step 9 按[F10]键，将"渲染场景"对话开启，将VRay染器使用"默认扫描线染器"代替。

Step 10 当选择"默认扫描线渲染器"后，进行染设定，此时便会出现"渲染错误"对话框，所以先要将VR毛发物体删除，以便顺利渲染。

Step 11 将通道图的输出尺寸同样设置为2000.0 mm * 2000.0 mm，将命名为"教室通道图.tif"的图像渲染输出。

（7）后期

Photoshop后期处理作为成就完美效果图的最后一步，固然有其所特有的重要性，它不仅可以弥补三维软件在渲染表现方面的不足之处，而且在制作过程中更是整体的画龙点睛之笔。从Photoshop角度来看，使用3ds Max及VRay软件所创建输出的成品图像，实际上是为Photoshop提供修改的"毛坯"素材。

在一些必要的场景中，运用Photoshop后期处理的强大调整功能，可以将人物、绿化、外景等二维辅助设施与整体场景惟妙惟肖地融合统一。同时，还能够对图像整体或局部的色相、明度及饱和度进行恰如其分的调整。其具体操作如下：

Step 1 开启Photoshop软件，将刚刚使用3ds Max软件所输出的"教室出图.tif"及"教室通道图.tif"图像文件依次打开。

Step 2 在"教室出图tit"图像的图层面板中，按住"背景"图层，并将其拖到底部的口（创建新的图层）按钮之上，以对此图层进行复制，便可得到名为"背景副本"的图层。

Step 3 在图层窗口中将刚刚复制出的"背景副本"选中，按[Ctrl+M]组合键，打开"曲线"对话，通过相关参数设置来提高整体图面的亮度。

Step 4 单击菜单栏中的"图像""调整""亮度/对比度"命令，在打开的"亮度/对比度"对话框中进行适当的设置。

Step 5 按[V]键，工具中"选并移动"工具便会自动选择，同时按住[Shift]键，将"教室通道图.tit"拖动到"教室出图,tit"图像中，随后此图像的图层面板中便会随之增添一层名为"图层1"的设置选项。

Step 6 将名为"图层1"的通道层激活，

单击工具箱中的"魔棒工具",将顶部通道色为大红色的吊顶部分选中,随后在"图层"面板中关闭"图层 1"的显示状态,并将"背景副本"图层激活。

Step 7 在"背景副本"图层中确保白色吊顶区域为选中状态,按 [Ctrl+J] 组合键,将选区从图像中单独复制出一个图层,并按住 [Alt] 键不放,依次按 [I]、[A]、[C] 键,在随之弹出的"亮度/对比度"对话框中调整其参数。

Step 8 按 [Ctrl+B] 组合键,进入"色彩平衡"对话框对该图层其色彩变化继续进行调整,以提高图面冷暖对比差别。

Step 9 使用同样的方法将顶部中央区域也单独复制出一个层次,名为"图层 3",将该图层选中,按 [Ctrl+M] 组合键,打开"曲线"对话框,通过相关参数设置 RGB 通道的亮度参数。

Step 10 保持在此图层中,使用工具箱中的"加深工具"与"减淡工具",同时在其属性栏中调整其应用范围,在视图中适当位置涂画数下,进而将顶面造型进深感加强。

Step 11 其他细节也可使用同样的方法进行调整,以得到更为理想的效果,随后确认位于显示图层最上方的"图层 2"为选中状态,单击图层面板中底部的门."创建系的填充或调整图层"按钮,在随之弹出的菜单中选择"照片滤镜"命令,同时调整其参数设置。

Step 12 调整完毕后,单击菜单栏中的"文件""存储为"命令,将处理好且带有细节图层的文件另存为"教室修改图.tif"。

Step 13 最后再将图像中的"图层 1"通道层除,同时把其他各细节图层合并,按 [Shift+Ctrl+S] 组合键,将合层图像以 jpg 文件类型存储为"教室修改图副本.jpg"。

教学小结

本节主要讲解了渲染的基础设置,通过教室空间的全流程案例制作,从参考图导入、模型创建、材质添加、渲染设置与输出,重点掌握 VRay 材质的设置与 VRay 灯光和渲染设置。通过本章的学习应了解 3ds Max 软件中灯光的基础知识和常用类型,掌握"二点照明"方法、VRay 灯光的基本方法和渲染设置的技巧。

作业布置与要求

给以往创建的模型设置 3 种不同的灯光氛围效果。

要求:

1. 灯光氛围适当。

2. 渲染图清晰美观。

第 4 部分

动画设计与制作

随着虚拟影像技术的不断发展,三维动态视觉展示越来越被人们重视。动画设计是 3ds Max 软件中的三维动画,从简单的几何体模型如一般产品展示、艺术品展示,到复杂的人物模型,到动态、复杂的场景漫游、三维虚拟城市等动态展示,广泛运用于社会各界。本章节中的动画设计主要偏向于讲解基础道具的运动动画、人物模型的运动动画等影视动画呈现。

第 7 章
3ds Max 的基础动画

7.1 动画制作基础

7.1.1 三维动画软件与动画原理

1. 常用的三维动画软件

（1）Maya 应用领域：Maya 与建模、数字化布料模拟、毛发渲染、运动匹配技术相结合，使得 Maya 技术在电影领域的应用越来越趋于成熟。

（2）3ds Max 应用领域：广泛应用于广告、影视、工业设计、建筑设计、三维动画、多媒体制作、游戏、辅助教学以及工程可视化等领域。

（3）Blender 应用领域：三维包装设计、首饰设计、游戏的模型、三维动画设计等领域。

（4）Lightwave 3D 应用领域：广泛应用在电影、电视、游戏、网页、广告、印刷、动画等各领域。

（5）Cinema4D 应用领域：应用广泛，在广告、电影、工业设计等方面都有出色的表现。

（6）Houdini 应用领域：电影特效制作。

（7）Unreal Engine 虚幻引擎 应用领域：游戏、影视、动画、VR 漫游、VR 交互、医疗、教育等。

2. 动画的制作原理

动画的原理是基于人眼的视觉暂留效果。动画是采用逐帧拍摄对象并连续播放而形成运动的影像技术。动画是通过把人物的表情、动作、变化等分解后化成许多动作瞬间的画幅，再用摄影机连续拍摄成一系列画面，给视觉造成连续变化的图画。它的基本原理与电影、电视一样，都是利用视觉暂留原理。

（1）节奏

"节奏"是动画的基本要素。

物体运动的速度说明了物体的物理性质和运动的成因。仅仅是"眨眼"的动作就可快或可慢。如果眨得快，角色看上去就处在"警觉或者醒着"的状态，如果眨得慢，角色就会显得比较慵懒、疲惫、昏昏欲睡。

动作的卡通风格一般要求物体从一个"pose"到另外一个"pose"的变换很灵活简洁。写实风格的则要求在"pose"之间细节上要有变化。但是无论哪种风格，都要注意每一个动作的 timing 节奏问题。

（2）渐进和渐出

渐进和渐出的规律通常是运用在物体"pose"的加速或减速变化过程中。当一个物体接近某个"pose"时，通常是减速变化的（称之为渐进或慢进）。相反地当它从一个"pose"开始向另外一个"pose"变化时，应该是加速的（称之为渐出或慢出）。

对于角色动画，也要在运动中加入渐进或渐出的处理。如刻画一个转头的角色动作，需要在动作的起始和结束的地方增加一些帧，使转头动作更加平滑。

（3）运动弧线

在现实生活中，几乎所有的运动都是有弧线的。在做动画的过程中，物体的动作也应沿着曲线运动，而不是线性的直线运动。当人在行走过程中也不是呈一条直线运动的。

（4）动作预备

动作预备一般用来引导观众的视线趋向即

将发生的动作。所以常见的一个长时间的预备动作意味着下面的动作速度会非常快。如角色奔跑的动作，角色先是预备奔跑的样子，通常会先抬起一条腿，这就是常见的动作预备。有些情况动作预备是根据物理运动规律需要这样做。比如说你在投掷一个球之前必然要先向后弯曲你的手臂，以获得足够的势能。这个向后的动作就是预备动作，投掷就是动作本身。

（5）夸张

动作上的夸张处理一般用来强调动作的突然性。这个原则应该根据实际需要适当地运用，不能随意使用，否则会适得其反。制作者应该首先清楚动作的目的性，剧情需要是什么，以及决定哪个阶段需要进行动作上的夸张处理。适当的夸张会让动画看起来更可信、更有趣。角色的动作过程是可以夸张的，譬如可以让胳膊摆动过程中抖动得很厉害。做好"夸张"的处理关键要让被夸张的部分发挥到极致，赋予它们活力，但要适度，否则会让人觉得很假。

（6）挤压和拉伸

挤压和拉伸是用来表现物体的弹性的。比如一个橡皮球弹跳后落到地面时身体会被压扁，这就是挤压的体现。当小球弹跳起来后它要在它弹跳的方向上拉伸变形。在没有条件做运动模糊处理的情况下，有时动作可能会看上去比较糟糕。

（7）次要动作

次要动作是用来增加动画的趣味性和真实性，丰富动作的细节的。它要控制好度，既要能被察觉，又不能超过了主要动作。例如：一个角色坐在桌子旁边，一边表演着什么，一边手指还在敲打着桌子。后者并不是角色的主体动作，也许角色正在一边比划着什么，我们的视线焦点也是在角色的脸上。但重要的是我们应该赋予角色更真实、更准确、更自然的表

演，所以我们增加了手指敲打桌子的细节，也就是"次要动作"。

（8）动作惯性跟随和动作重叠

动作惯性跟随和动作预备类似，只是前者在动作结束前出现，而后者出现在动作发生前。经常在动画中见到这样的情况，物体或者其中一部分的运动或表演动作已经超过了它应该停止的位置，然后折回来返回到那个位置。这就是动作惯性跟动作重叠，本质上是因为其他动作的连带性而产生的跟随动作，而且在时间上，动作间有互相重叠部分。比如，如果一只奔跑的小狗突然停下来，她的耳朵可能仍然继续向前因为惯性运动着。另外一个例子是，如果角色在行走着，头上顶着的触角会随着身体的摆动而摇摆不停。这就是所谓的动作重叠，即因为主体动作的连带性而产生的动作，同时叠加在主体动作上的动作。

（9）动作表现力

对于角色动画，很重要的一点就是要确认角色所做的每一个动作强度是否足够清晰地传达出所要表现的动作意图。动画师也要避免同一角色的表演中出现互相矛盾的地方。譬如如果你想表现一个人很沮丧、很悲伤的情绪，可以设计角色做出弓着背、双手垂在身体两侧前方，镜头采用俯视的角度等等。但如果你同时让角色脸上出现灿烂的笑容就完全不符合其他动作所要表现的意图。

（10）角色个性

根据角色的思维不同，决定了角色在动作上呈现出不同的个性特征，从而使角色魅力十足。

7.1.2 关键帧动画

1. 3ds Max 软件中基础动画的创建

动画是以人类视觉原理为基础的，如果快速查看一系列相关的静态图像，那么会给视觉

造成连续变化的图画,其中每一幅单独图像称之为"帧"。

传统手绘动画的主要难点在于动画师必须生成大量的帧,因此出现了一种称之为"关键帧"的技术。填充在关键帧之间的帧称为中间帧。

2. 3ds Max 创建动画的原理

先创建记录每个动画序列起点和终点的关键帧,这些关键帧的值称为关键点。

软件将计算每个关键点值之间的插补值,从而生成完整的动画。

3ds Max 几乎可以通过调节场景中的任意参数创建动画,可以设置修改器参数的动画(如弯曲)、材质参数的动画(如对象的颜色或透明度),制定动画参数后,渲染器承担着着色和渲染每个关键帧的工作。

3ds Max 是一个基于时间的动画软件,时间精度为 1/4800 秒。

3. 3ds Max 创建动画的方法

(1)动画自动关键帧模式

启用"自动关键点"按钮,时间滑块变成红色,处于动画模式,变换对象或更改动画参数自动创建关键点。

(2)设置关键点模式

可控性更强,可以设置角色的姿势,可选择性地给某些对象的某些轨迹设置关键点。

4. 帧速率的"PAL"制式与"NTSC"制式

PAL 制:每秒 25 帧。

NTSC 制:每秒 30 帧。

5. 时间配置

(1)基本概念

时间配置对话框用来设置帧速率、时间显示、播放和动画的设置。

(2)工作方式

在启动 3ds Max 时,默认时间显示以帧为单位,利用时间配置对话框可更改时间显示方式,如图 7.1-1 所示。

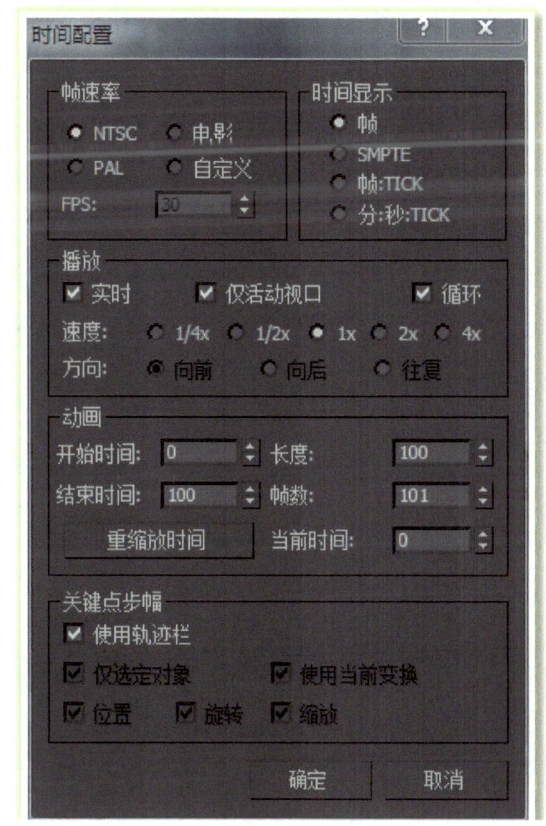

图 7.1-1

6. 轨迹视图

(1)基本概念

Track View(轨迹视图)用于查看场景和动画的数据驱动视图。

(2)工作方式

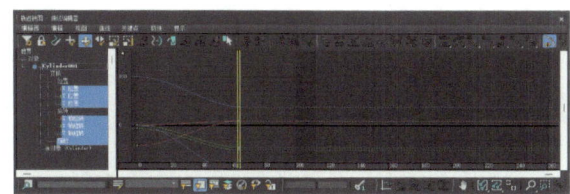

图 7.1-2

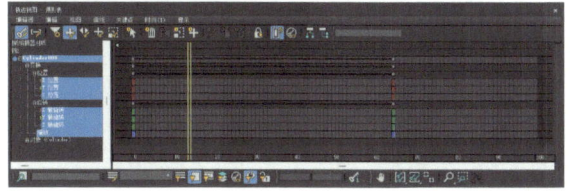

图 7.1-3

①曲线编辑器。"曲线编辑器"模式可以将动画显示为功能曲线。该模式可以直观地表现运动的插值以及软件在关键帧之间创建的对象变换。并且使用曲线上关键点的切线控制柄，还可以轻松观看和控制场景中对象的运动和动画效果，如图7.1-2所示。

②摄影表。"摄影表"模式可以将动画显示为关键点的电子表格。关键点是带有颜色的代码，便于辨认。"轨迹视图"中的一些功能，如移动和删除关键点，也可以在时间滑块附近的轨迹栏上实现，还可以展开轨迹栏来显示曲线。可以将"曲线编辑器"和"摄影表"窗口停靠在界面底部的视口之下，如图7.1-3所示。

7.1.3 实例一 茶壶"倒水"动画

1. 实训目的与要求

（1）实训目的

运用3ds Max软件的关键帧动画原理制作简单的动画效果。

（2）实训要求

①关键帧的设置得当。

②动画的动作流畅。

2. 实训内容

（1）自动关键帧的设置。

（2）手动关键帧的设置。

3. 实训操作步骤

Step 1 打开教材所带的源文件素材，找到制作好的餐桌场景模型，如图7.1-4所示。

图 7.1-4

Step 2 打开时间配置窗口，帧速率改为PAL制，结束时间设为20帧，如图7.1-5所示。

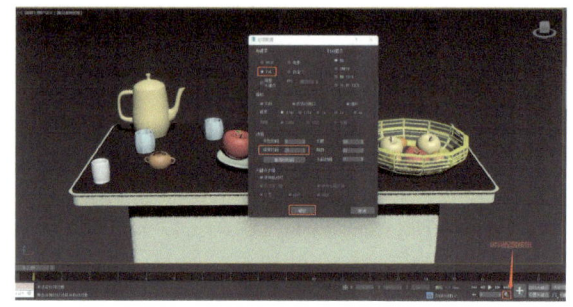

图 7.1-5

Step 3 单击【自动关键帧】按钮，激活自动关键帧设置，如图7.1-6所示。

图 7.1-6

Step 4 将时间线移动至第5帧处，移动茶壶至水杯左上方，如图7.1-7所示。

图 7.1-7

Step 5 将时间线移动至第7帧处，旋转茶壶，如图7.1-8所示。

图 7.1-8

Step 6 为了让倒水动作更加流畅自然,将时间线移动至第 3 帧处,将茶壶旋转至原来的垂直状态,如图 7.1-9 所示。

图 7.1-9

Step 7 退出自动关键帧模式,预览动画效果。发现倒水时倾倒的速度过快,且中间缺乏停顿。

Step 8 鼠标左键单击第 7 帧处的关键帧,向右拖拽 2 帧移动至第 9 帧处,以减缓倒水的速度,如图 7.1-10 所示。

图 7.1-10

Step 9 鼠标左键单击第 5 帧处的关键帧,按住 Shift 键的同时向右拖拽 1 帧至第 6 帧处,营造倾倒前的停顿效果,如图 7.1-11 所示。

图 7.1-11

Step 10 预览最终的动画效果。打开渲染设置,将时间输出改为范围:0-10,输出大小为 1280 * 720,设置好渲染输出的保存文件位置,进行渲染输出,如图 7.1-12 所示。

图 7.1-12

教学小结

本节主要讲解了 3ds Max 的基础动画关键帧设置,通过自动关键帧模式的学习与运用,制作出茶壶"倒水"的动画效果,掌握自动关键帧的动画设置技巧。

7.1.4 实例二 小球弹跳动画

1. 实训目的与要求

(1)实训目的

运用 3ds Max 软件进行小球弹跳前进的动画效果。

（2）实训要求

①关键帧的设置得当。

②小球弹跳的动作流畅。

2. 实训内容

（1）关键帧的设置。

（2）曲线编辑器的调整。

3. 实训操作步骤

Step 1 在顶视图创建一个平面和一个球体，如图 7.1-13 所示。

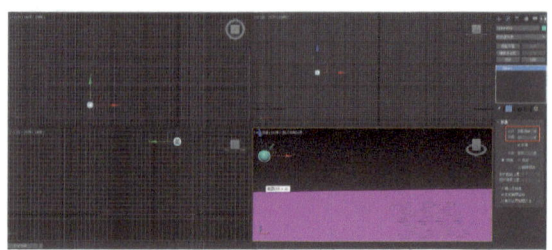

图 7.1-13

Step 2 打开【自动关键帧】，时间轴拖动到第 0 帧位置，如图 7.1-14 所示。

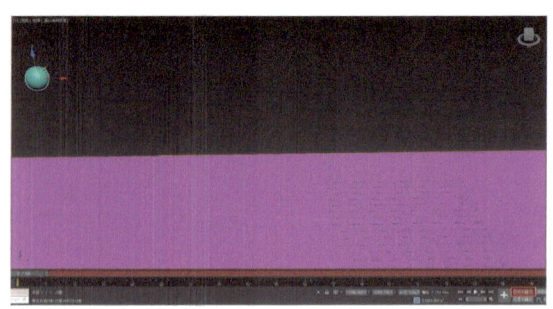

图 7.1-14

Step 3 将时间滑块移动至第 5 帧处，将小球沿着 Z 轴下拉至地面，同时将小球沿着 X 轴向右平移一段距离，如图 7.1-15 所示。

图 7.1-15

Step 4 在第 5 帧处将小球沿着 Y 轴进行缩放，如图 7.1-16 所示。

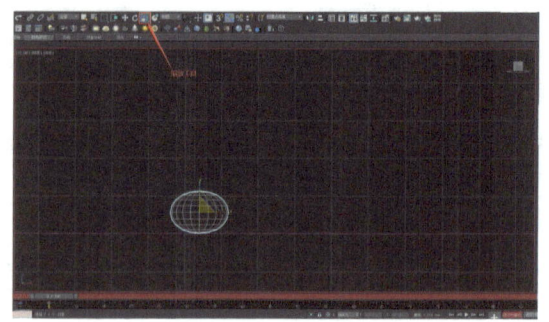

图 7.1-16

5. 再次单击自动关键点按钮，退出【自动关键帧】模式，单击【曲线编辑器】按钮，打开曲线编辑器，如图 7.1-17 所示。

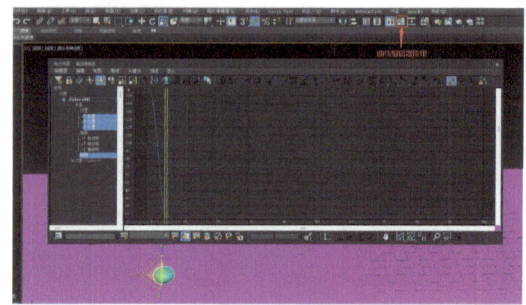

图 7.1-17

Step 6 选择小球的 Z 位置曲线，如图 7.1-18 所示。

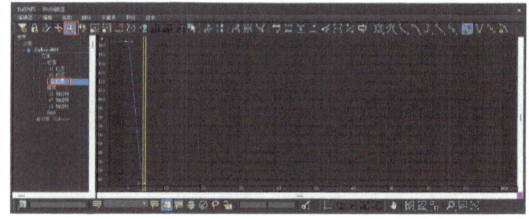

图 7.1-18

Step 7 分别选择 Z 位置曲线的起始点设为【慢速】曲线类型，结束点设为【快速】曲线类型，观察小球的下落效果更加自然了，如图 7.1-19 所示。

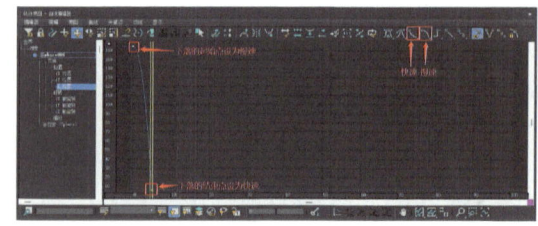

图 7.1-19

Step 8 点击【曲线编辑器】的编辑菜单，选择【控制器】，选择【超出范围类型】，如图

7.1-20 所示。

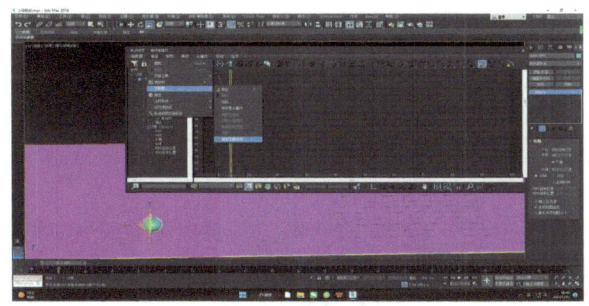

图 7.1-20

Step 9 在弹出的参数曲线【超出范围类型】窗口中选择【往复】类型，如图 7.1-21 所示。

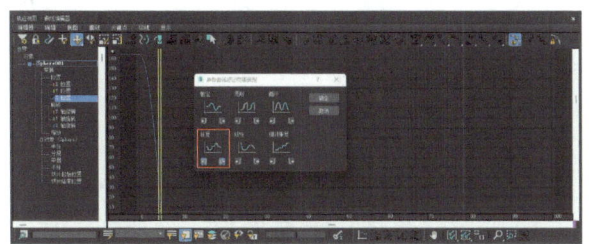

图 7.1-21

Step 10 选择 X 轴位置的曲线，打开编辑—控制器—超出范围类型，选择【相对重复】类型，可得到一个一直向前方跳动的小球，如图 7.1-22 所示。

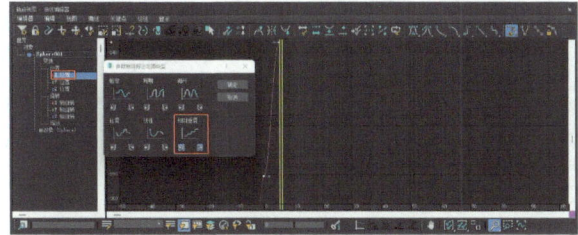

图 7.1-22

Step 11 选择小球的【缩放】属性曲线，打开编辑—控制器—超出范围类型，选择【往复】，可得到一个在跳动过程中压缩变形的弹跳小球，如图 7.1-23 所示。

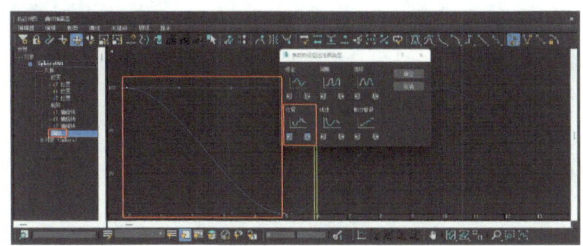

图 7.1-23

Step 12 预览小球弹跳的动画效果。

教学小结

通过本节学习，应了解 3ds Max 软件中关键帧的基础用法和关键帧模式类型，掌握关键帧动画的操作方法曲线编辑器的使用技巧。

作业布置与要求

结合前期建模的钟表模型设置时钟转动的动画效果。

要求：

1. 曲线编辑器的使用适当。
2. 动画的整体效果流畅自然。

7.2 修改器动画

7.2.1 修改器简介

在 3ds Max 软件中，无论是创建模型还是制作动画，都经常需要利用修改器对模型进行修改。3ds Max 软件在默认的情况下，不显示修改器的命令按钮，而是用修改器选择列表来代替，这样便有效地节省了工作界面的空间。

每使用一次修改器，在堆栈栏中都会出现记录，这个功能就像 Photoshop 中的"历史记录"功能，两者功能非常相似。在每一个修改器的前面都有一个"小眼睛"，当它处于打开状态时，此修改器对物体的修改便会在视图中显示；若处于关闭状态，它对物体的修改则不会在视图中显示。

噪波修改器自带有动画噪波设置，只要打开它，就可以产生连续的噪波动画。

7.2.2 实例一 建筑生长动画

1. 实训目的与要求

（1）实训目的

运用 3ds Max 软件的【切片】修改器制作建筑生长的动画效果。

（2）实训要求

①关键帧的设置得当。

②动画的衔接流畅。

2. 实训内容

（1）关键帧的设置。

（2）切片修改器的运用。

3. 实训技巧

通过"切片"修改器，可以基于切片平面的位置，使用切割平面来切分网格，创建新的顶点、边和面。顶点可以优化（细分）或拆分网格，您也可以从平面的一侧移除网格。使用"径向"切片，还可以基于最小和最大角度将对象切片。

加载"切片"修改器的 3 种方法。

（1）选择对象 > "修改"面板 > "修改器列表" > "对象空间修改器" > "切片"

（2）默认菜单：选择对象 > "修改器"菜单 > "参数化变形器" > "切片"

（3）Alt 菜单：选择对象 > "修改器"菜单 > "几何体（参数化）" > "切片"

"切片"修改器通过组、选定对象或者子对象面的选择来切片。它与"可编辑网格""边""切片"功能的工作方式相似，但是不需要对象成为可编辑网格或多边形。

切片通过集合切割，可以随时间更改位置和旋转，为切割平面设置动画。也可以结合"移除顶部"和"移除底部"选项，设置"切片平面"动画，使对象逐渐地出现和消失。

4. 实训操作步骤

Step 1 打开 3ds Max 软件，创建一个球体和几个长方体，将长方体排列在球体表面，如图 7.2-1 所示。

图 7.2-1

Step 2 选择左侧第一个长方体，添加切片修改器，激活自动关键点，将时间线移动至第 10 帧处，将切片类型设为移除顶部，打开切片修改器的切片平面，将切片平面在第 0 帧处移动至切片底部，第 10 帧处移动至长方体顶部，如图 7.2-2 所示。

图 7.2-2

Step 3 依次给其他长方体以同样的方法添加切片修改器，做出 0-10 帧处的动画，如图 7.2-3 所示。

图 7.2-3

Step 4 选择球体，在修改器面板启用切片，在第 0 帧处切片起始位置设为 0.5，第 10 帧处切片起始位置设为 360，如图 7.2-4 所示。

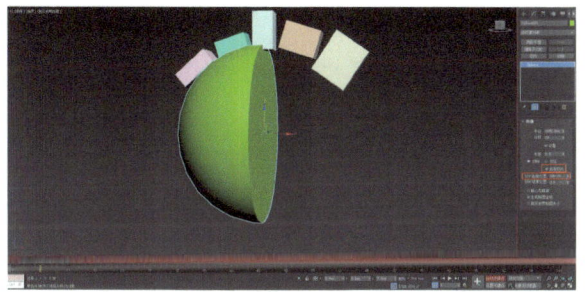

图 7.2-4

Step 5 在第 12—50 帧处，设置旋转动画效果，如图 7.2-5 所示。

图 7.2-5

Step 6 退出自动关键帧模式，将左侧第一个长方体的动画关键帧向后移动 10 帧，再依次将其他长方体的关键帧向后移动 5 帧，如图 7.2-6 所示。

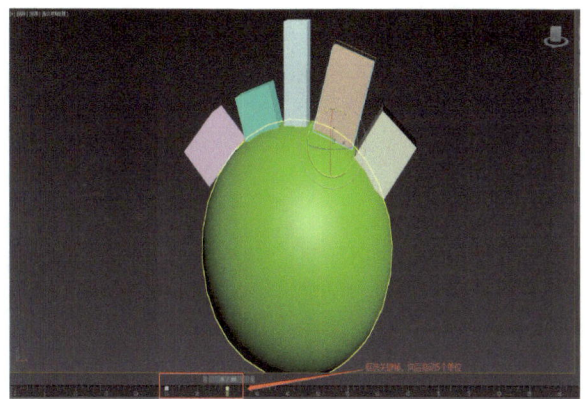

图 7.2-6

Step 7 预览最终的动画效果。

教学小结

本节主要讲解了切片修改器的使用，配合自动关键帧动画模式，制作出逐渐出现的建筑效果动画，要注意切片平面动画生效的时间，从第 0 帧开始，动作完成后，再拖动时间线滑块调整运动速度。

7.2.3 实例二 红旗飘动动画

1. 实训目的与要求

（1）实训目的

运用 3ds Max 软件中的噪波修改器进行红旗飘动的动画效果。

（2）实训要求

①关键帧的设置得当。

②红旗飘动的动作流畅。

2. 实训内容

（1）关键帧的设置。

（2）噪波修改器动画的调整。

3. 实训技巧

"噪波"修改器沿着三个轴的任意组合调整对象顶点的位置。它是模拟对象形状随机变化的重要动画工具。

加载"噪波"修改器的 3 种方法：

（1）"修改"面板 > 作出选择 > "修改器列表" > "对象空间修改器" > "噪波"

（2）默认菜单：进行选择 > "修改器"菜单 > "参数化变形器" > "噪波"

（3）Alt 菜单：进行选择 > "修改器"菜单 > "几何体（参数化）" > "噪波"

使用分形设置，可以得到随机的涟漪图案，比如风中的旗帜。使用分形设置，也可以从平面几何体中创建多山地形。

可以将"噪波"修改器应用到任何对象类型上。"噪波"会更改形状以帮助您更直观的理解更改参数设置所带来的影响。"噪波"修改器的结果对含有大量面的对象效果最明显。

大部分"噪波"参数都含有一个动画控制器。默认设置的唯一关键点是为"相位"设置的。

【"噪波"组】

控制噪波的出现，及其由此引起的在对象的物理变形上的影响。默认情况下，控制处于非活动状态直到更改设置。

【种子】

从设置的数中生成一个随机起始点。在创建地形时尤其有用，因为每种设置都可以生成不同的配置。

【比例】

设置噪波影响（不是强度）的大小。较大的值产生更为平滑的噪波，较小的值产生锯齿现象更为严重的噪波。默认值为 100。

【分形】

根据当前设置产生分形效果。默认设置为禁用。

【粗糙度】

决定分形变化的程度。较低的值比较高的值更精细。范围为 0－1.0。默认值为 0。

【迭代次数】

控制分形功能所使用的迭代（或是八度音阶）的数目。较小的迭代次数使用较少的分形能量并生成更平滑的效果。迭代次数为 1.0 与禁用"分形"效果一致。范围为 1.0－10.0。默认值为 6.0。

【"强度"组】

控制噪波效果的大小。只有应用了强度之后噪波效果才会起作用。

【X、Y、Z】

沿着三条轴的每一个设置噪波效果的强度。至少为这些轴中的一个输入值以产生噪波效果。默认值为 0.0，0.0，0.0。

【"动画"组】

通过为噪波图案叠加一个要遵循的正弦波形，控制噪波效果的形状，这使得噪波位于边界内，并加上完全随机的阻尼值。启用"动画噪波"后，这些参数会影响整体噪波效果。但是，可以分别设置"噪波"和"强度"参数动画，这并不需要在设置动画或播放过程中启用"动画噪波"。

【动画噪波】

调节"噪波"和"强度"参数的组合效果。

【频率】

设置正弦波的周期。调节噪波效果的速度。较高的频率使得噪波振动的更快。较低的频率产生较为平滑和更温和的噪波。

【相位】

移动基本波形的开始和结束点。默认情况下，动画关键点设置在活动帧范围的任意一端。通过在"轨迹视图"中编辑这些位置，可以更清楚地看到"相位"的效果。选择"动画噪波"以启用动画播放。

4. 实训操作步骤

Step 1　在 3ds Max 中创建一个圆柱体，半径设为 60.0 mm，作为旗杆，如图 7.2-7 所示。

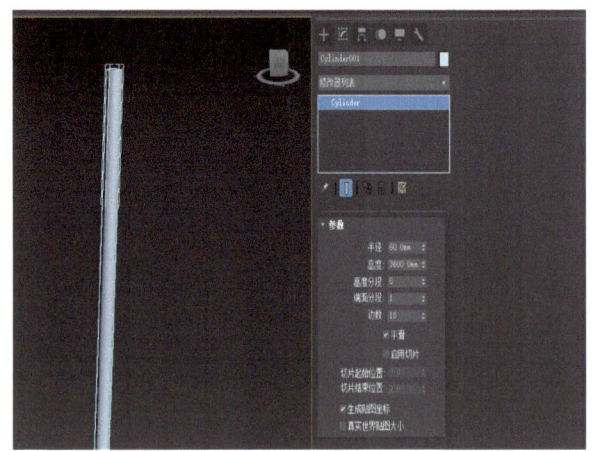

图 7.2-7

Step 2　在前视图创建一个平面，长度分段和宽度分段均设为 40，如图 7.2-8 所示。

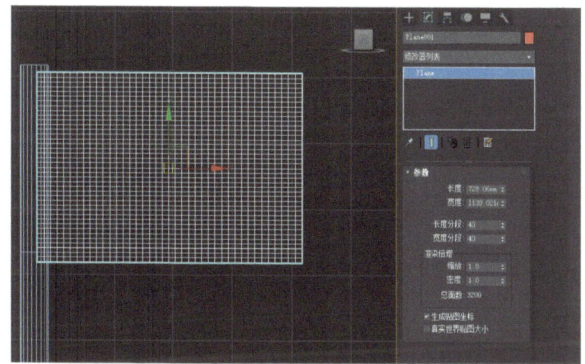

图 7.2-8

Step 3 给平面添加"噪波"修改器,勾选"分形",参数设置为强度 X:150,Y:302,Z:241,比例设为 61.0,如图 7.2-9 所示。

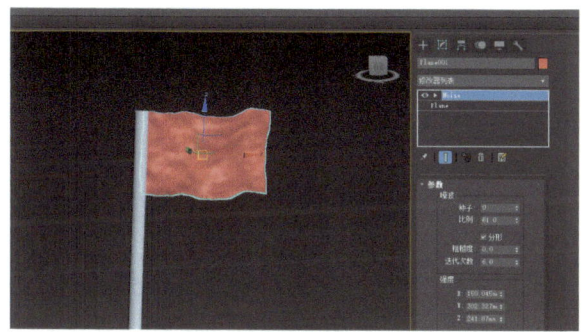

图 7.2-9

Step 4 激活"自动关键点"按钮,打开噪波修改器下方的 Gizemo 命令,将 Gizemo 沿着 X 轴向右拖动至红旗旗面外,如图 7.2-10 所示。

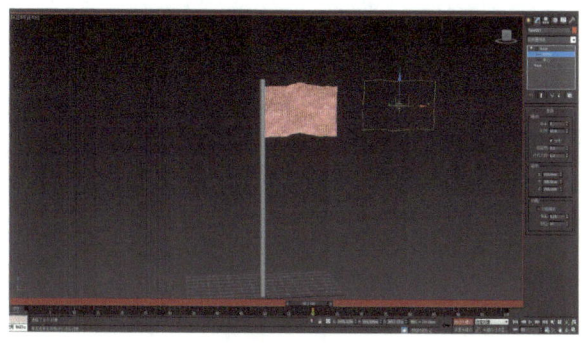

图 7.2-10

Step 5 退出自动关键帧模式,预览动画效果,如图 7.2-11 所示。

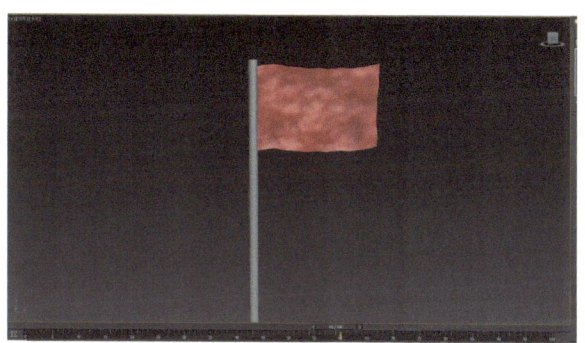

图 7.2-11

> 教学小结

通过本节学习,应了解 3ds Max 软件中的常用修改器的参数动画设置方法,掌握常见的弯曲、变形动画的的基础技巧与原理。

> 作业布置与要求

结合弯曲修改器,制作有趣的创意节奏动画效果。

要求:

1. 弯曲编辑器的设置恰当。
2. 动画的整体效果流畅自然。

7.3 约束动画

7.3.1 动画约束基础知识

1. 基本概念

用于帮助动画过程自动地产生连带控制,可用于通过与其他对象的绑定关系,控制对象的位置、旋转或缩放。

约束需要一个对象及至少一个目标对象,目标对受约束的对象施加了特定的限制。

路径约束会对一个对象沿着样条线或在多个样条线的平均距离间的移动进行限制。

样条曲线为约束对象定义了一个运动的路径。

2. 路径约束动画案例

(1)在 3ds Max 中创建一个球体。

(2)在前视图画一条曲线。

（3）选择球体，进入 运动面板。

（4）在运动控制器中选择位置选项。

（5）点击运动控制器选项，弹出运动控制器对话框，在该对话框里找到路径约束选项。

（6）点击路径约束选项点击 OK，在右侧的属性栏里找到添加路径选项。

（7）点击添加路径选项，在视图里选择曲线，在时间轴上可以看到第一帧和最后一帧都变成了关键帧，预览动画效果。

7.3.2 实例一 蝴蝶飞舞动画

1. 实训目的与要求

（1）实训目的

运用 3ds Max 软件中的路径约束制作蝴蝶沿着规定路径飞舞的动画效果。

（2）实训要求

①关键帧的设置得当。

②蝴蝶挥舞翅膀飞舞的动作流畅。

2. 实训内容

（1）关键帧的设置。

（2）路径约束动画的调整。

3. 实训操作步骤

【模型制作】

Step 1 创建一个长方体，长度与高度保持一致，如长度和高度设为 10.0 mm，宽度设为 50.0 mm，宽度分段设为 5；如图 7.3-1 所示。

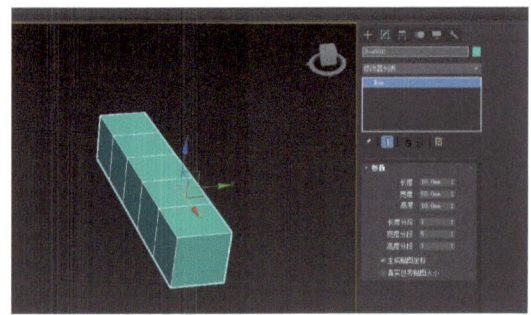

图 7.3-1

Step 2 给长方体添加可编辑多边形修改器，进入顶点子层级，在前视图通过移动、缩放工具调整蝴蝶的身体形状，如图 7.3-2 所示。

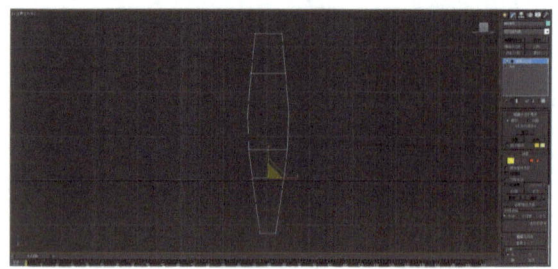

图 7.3-2

Step 3 通过左视图继续调整身体形状，如图 7.3-3 所示。

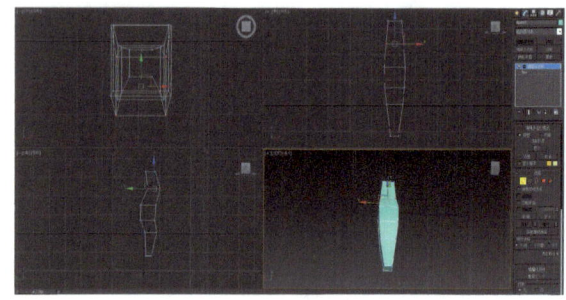

图 7.3-3

Step 4 制作头须，选择前方的两个顶点，进行切角，切角数量设为 3.8 mm 左右，如图 7.3-4 所示。

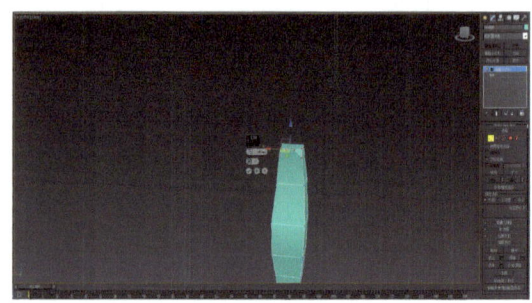

图 7.3-4

Step 5 将切角得到的两个面进行挤出，如图 7.3-5 所示。

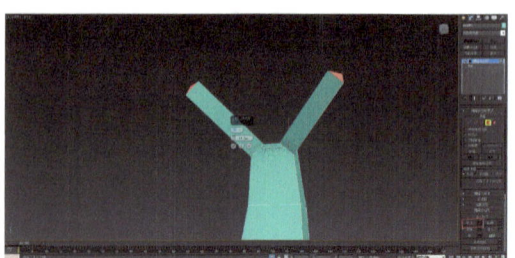

图 7.3-5

Step 6 再挤出一次,并使用移动工具进行拖拽,如图 7.3-6 所示。

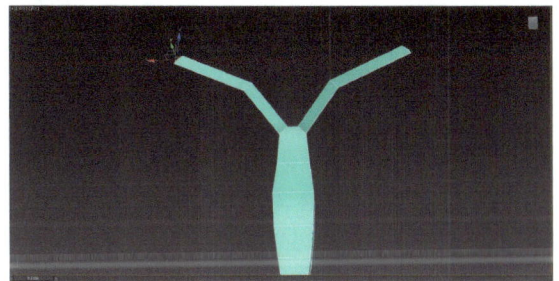

图 7.3-6

Step 7 添加涡轮平滑修改器,迭代 2 次,如图 7.3-7 所示。

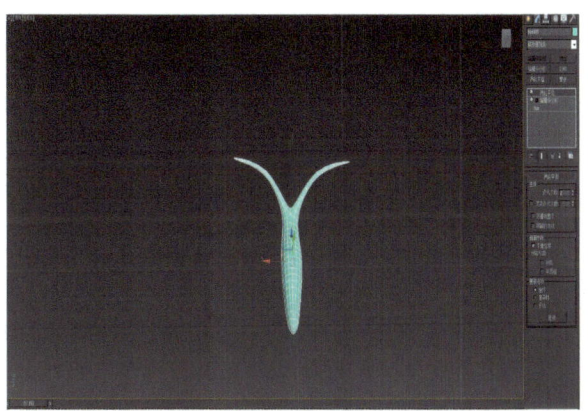

图 7.3-7

Step 8 更换颜色为深灰色,身体制作完成,如图 7.3-8 所示。

图 7.3-8

Step 9 制作翅膀;在前视图创建一图形一线,以角点的形式绘制翅膀轮廓,如图 7.3-9 所示。

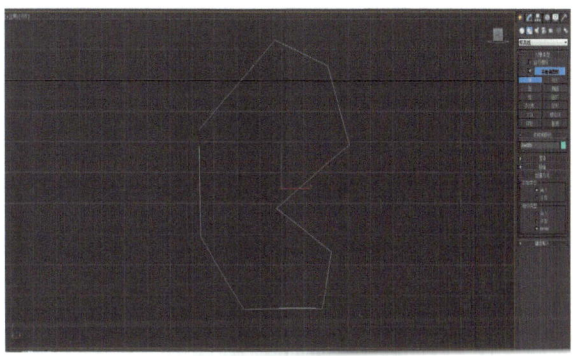

图 7.3-9

Step 10 在修改面板,进入顶点子层级,旋转右侧的所有顶点,如图 7.3-10 所示。

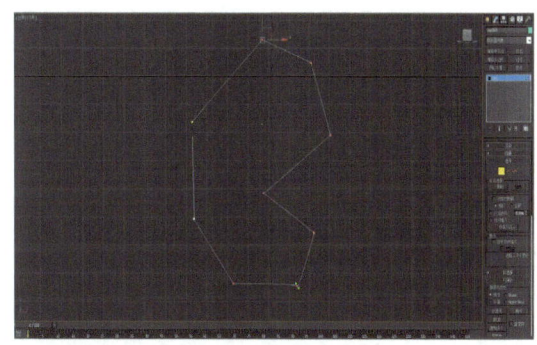

图 7.3-10

Step 11 将顶点的状态设为平滑,如图 7.3-11 所示。

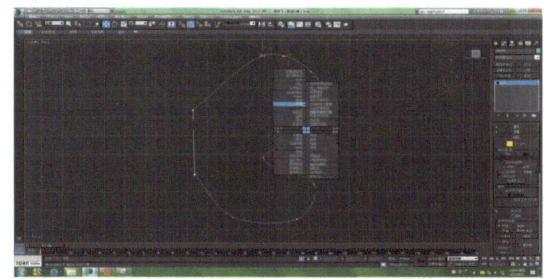

图 7.3-11

Step 12 适当调整蝴蝶翅膀的形状,如图 7.3-12 所示。

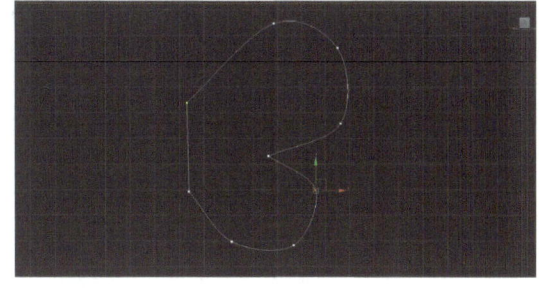

图 7.3-12

Step 13 添加挤出修改器,挤出数量设为

0.5，如图 7.3-13 所示。

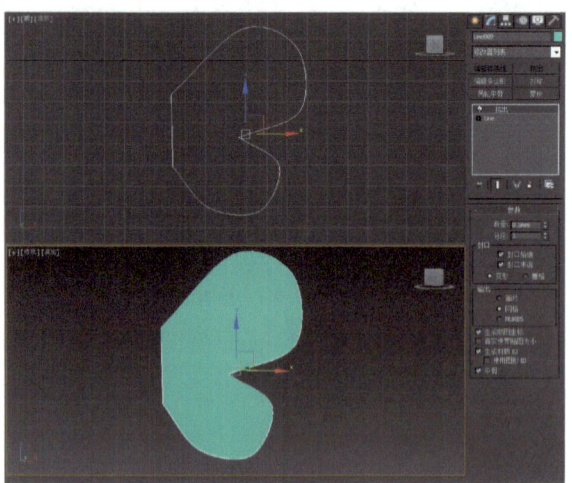

图 7.3-13

Step 14 调整位置和轴心在翅膀下方边缘，如图 7.3-14 所示。

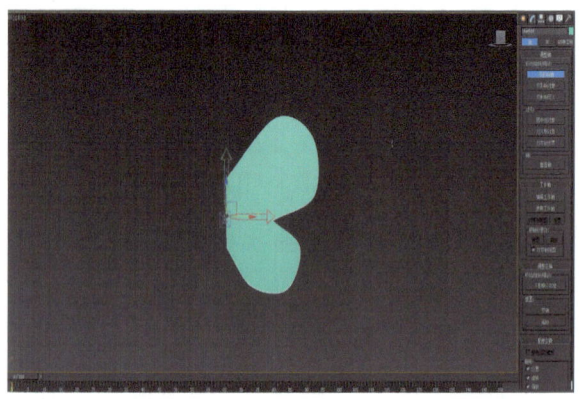

图 7.3-14

Step 15 打开材质编辑器，给翅膀添加材质，在漫反射通道上添加渐变贴图，调整颜色，如图 7.3-15 所示。

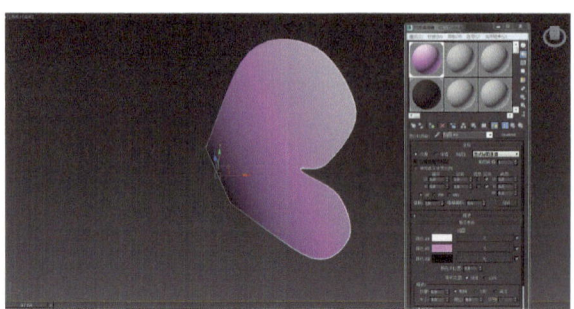

图 7.3-15

Step 16 将翅膀旋转一定角度，与身体对齐，将翅膀镜像复制一个，至此蝴蝶模型制作完成，如图 7.3-16 所示。

图 7.3-16

【动画制作】

Step 17 使用链接工具将翅膀分别链接至身体，移动身体观察是否链接正确，如图 7.3-17 所示。

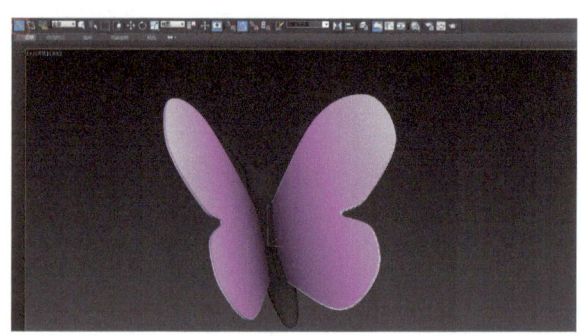

图 7.3-17

Step 18 分别给每一侧翅膀做上下翻动的旋转动画，左侧翅膀在第 0 帧处旋转角度设为 45°，第 10 帧处旋转角度向下旋转 30°，第 20 帧处向下旋转 45°，第 30 帧处的关键帧可复制第 0 帧的关键帧，以此类推，右侧翅膀作同样的处理，如图 7.3-18 所示。

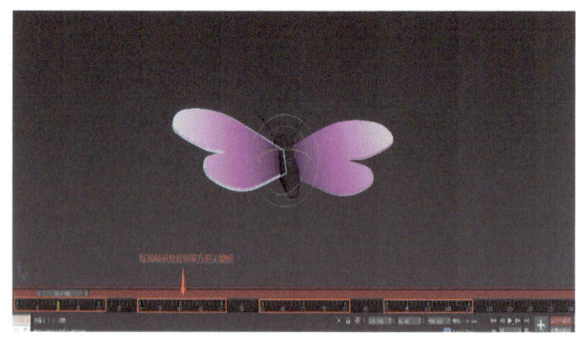

图 7.3-18

Step 19 绘制一条样条线，调整好曲线状态，如图 7.3-19 所示。

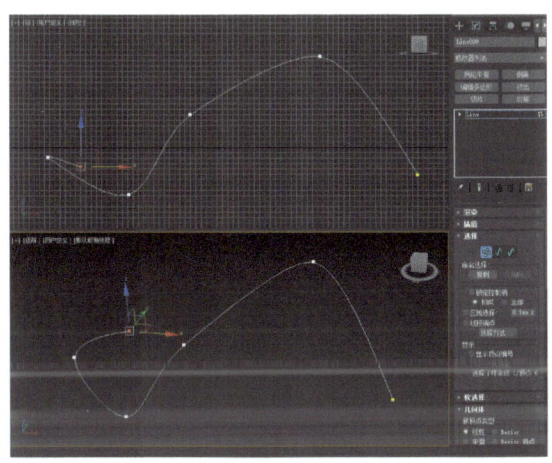

图 7.3-19

Step 20 选择蝴蝶身体，打开【动画】菜单，单击【约束】-【路径约束】，如图 7.3-20 所示。

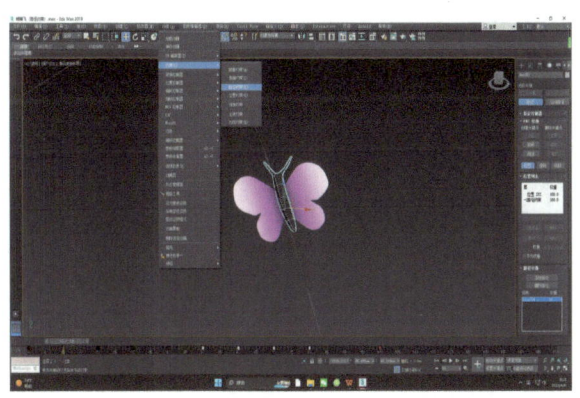

图 7.3-20

Step 21 将蝴蝶身体的虚线链接至绘制好的路径，如图 7.3-21 所示。

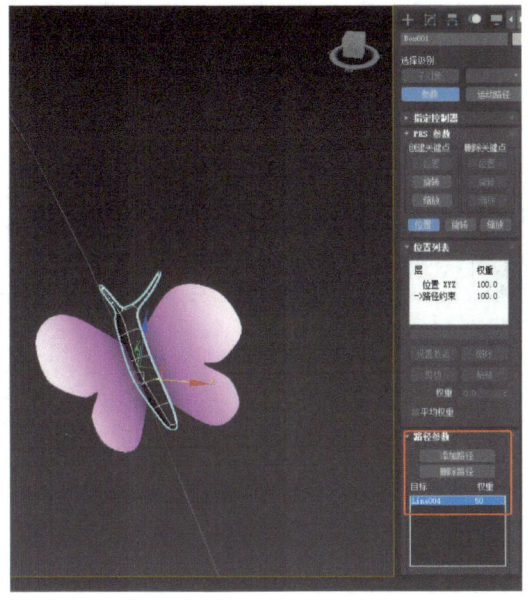

图 7.3-21

Step 22 在【运动】面板的【路径选项】中勾选【跟随】，调整合适的轴向，如图 7.3-22 所示。

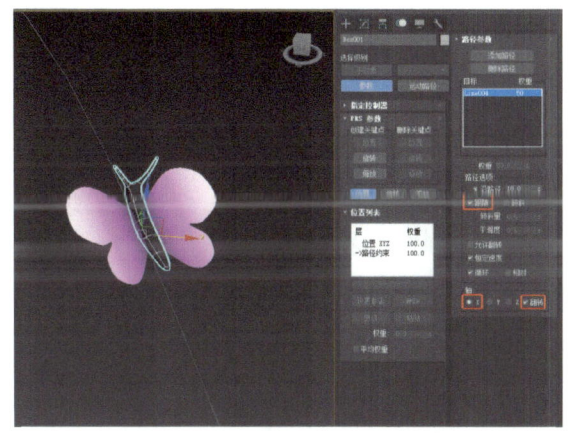

图 7.3-22

Step 23 预览动画效果，如图 7.3-23 所示。

图 7.3-23

> **教学小结**
>
> 本节主要讲解了动画约束的基本原理、3ds Max 软件中路径约束的基础用法，通过蝴蝶飞舞的实例操作制作出蝴蝶沿着绘制的路径运动的动画效果，掌握路径约束动画的操作方法和技巧。

7.3.3 实例二 小车视角摄像机动画

1. 实训目的与要求

（1）实训目的

运用 3ds Max 软件进行摄像机动画的制作，

以运动中的小车为视角，营造行驶中的摄像机动态效果。

（2）实训要求

①摄像机的设置得当。

②动画的运动模糊效果良好。

2. 实训内容

（1）摄像机的设置。

（2）链接工具的运用。

3. 实训技巧

（1）摄像机简介

在 3ds Max 2019 中有三类摄像机，即目标摄像机（Target Camera）、自由摄像机（Free Camera）和物理摄像机（Physical Camera）。目标摄像机和自由摄像机在制作静态画面时十分相似，主要是在动画制作方面有所区别，目标摄像机将会永远围绕和追踪目标物体进行拍摄，自由摄像机则模拟的是人们边走边看的效果，适合于制作浏览动画。

①目标摄像机

目标摄像机有一个视点和一个目标点。视点就是放置摄像机的位置，目标点是从摄像机看过去的视点，可以通过调整视点或目标点来改变观察的区域或方向（如图 7.3-24）。

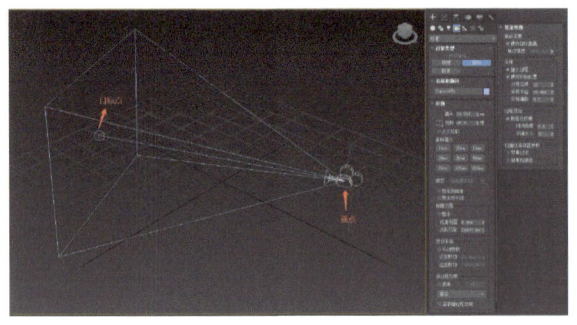

图 7.3-24

②自由摄像机

自由摄像机只有视点而没有目标点，可以通过移动视点来调整摄像机观察的角度，其余参数与目标摄像机相同（如图 7.3-25）。

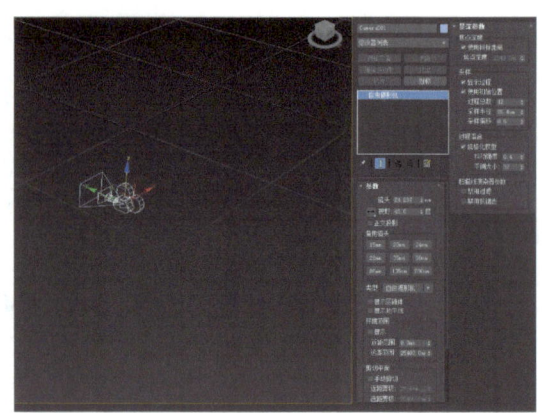

图 7.3-25

③物理摄像机

相较于 3ds Max 软件中的普通摄像机，具有景深功能，并可以调节曝光参数、白平衡等功能，增加了光晕功能，可以模拟出真实摄像机的摄像效果如图（如图 7.3-26）。

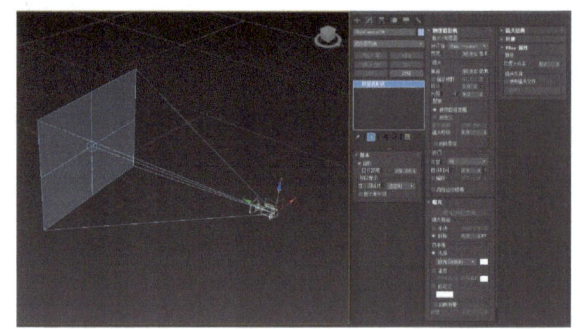

图 7.3-26

④景深与运动模糊

a. 开启景深，可以实现突出主题，虚化背景的效果，类似于真实摄像机的效果。

b. 对画面运动的元素进行模糊处理（如图 7.3-27）。

图 7.3-27

4.实训操作步骤

Step 1　首先打开 3ds Max 软件,打开制作好的动画场景,然后在右侧工具面板里创建一个长方体,模拟运动中的小车,如图 7.3-28 所示。

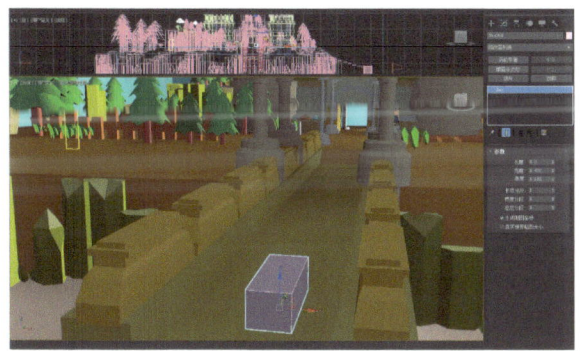

图 7.3-28

Step 2　在长方体上方创建一个自由相机,并调整好摄像机的方向,使观察的角度为小车行驶的正前方,并使用旋转工具稍微向上调整 5°,使视角轻微上扬,如图 7.3-29 所示。

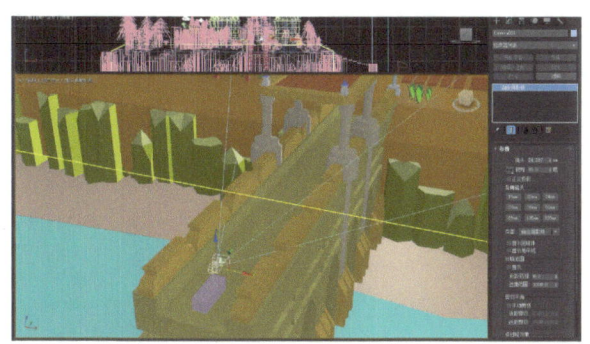

图 7.3-29

Step 3　使用链接工具将自由摄像机链接至行驶的小车上,如图 7.3-30 所示。

图 7.3-30

Step 4　设置小车运动的关键帧动画。激活自动关键帧按钮,将时间线移动至第 70 帧处,选择小车,使用移动工具沿着 Y 轴方向拖动至台阶前,如图 7.3-31 所示。

图 7.3-31

Step 5　继续设置小车运动的关键帧动画。在第 70 帧处设置旋转的关键帧,将时间线移动至第 75 帧处,将小车旋转至与上坡的台阶平行,并移动至坡顶处,如图 7.3-32 所示。

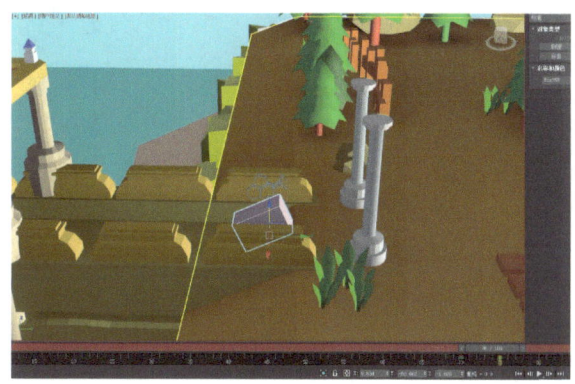

图 7.3-32

Step 6　继续设置小车运动的关键帧动画。将时间线移动至第 78 帧处,将小车旋转至与地面平行,并移动至门前,如图 7.3-33 所示。

图 7.3-33

Step 7　继续设置小车运动的关键帧动画。将时间线移动至第 100 帧处,将小车移动至建筑内部，如图 7.3-34 所示。

图 7.3-34

Step 8 预览动画效果。退出自动关键帧模式，按 C 键将透视图切换至摄像机视图模式，预览动画效果，如图 7.3-35 所示。

图 7.3-35

Step 9 然后【F10】打开渲染设置面板，设置好渲染输出的时间范围，下拉到渲染输出，设置保存的文件位置及格式，最后渲染即可。

教学小结

通过本节学习，应了解 3ds Max 软件中路径约束的基础用法和摄像机的类型，掌握路径约束动画的操作方法、链接工具的使用技巧。

作业布置与要求

制作鱼儿在水中游动的动画效果。

要求：

1. 使用路径约束设置鱼儿游动的路线。
2. 使用弯曲修改器设置鱼儿摆动动画。
3. 使用噪波修改器设置水波动画。
4. 动画的整体效果流畅自然。

第 8 章
3ds Max 的高级动画

8.1 骨骼动画

8.1.1 骨骼基础知识

1. 基本概念

骨骼系统是骨骼对象的一个有关节的层次链接，可用于设置其他对象或层次的动画。

骨骼是可渲染的对象，它具备多个用于定义骨骼所表示形状的参数，如锥化、鳍。

2. 创建骨骼流程

单击【创建骨骼】按钮，第一次单击视图定义第一个骨骼的起始关节，第二次单击视图定义下一个骨骼的起始关节，轴点位置很重要，多次单击形成一个骨骼链，如图 8.1-1 所示。

图 8.1-1

3. IK 链指定卷展栏

IK Chain Assignment（IK 链指定）卷展栏仅用于创建时，提供快速创建自动应用 IK 解算器的骨骼链工具。

4. 骨骼参数卷展栏

用于控制更改骨骼的外观。骨骼参数卷展栏，如图 8.1-2 所示。

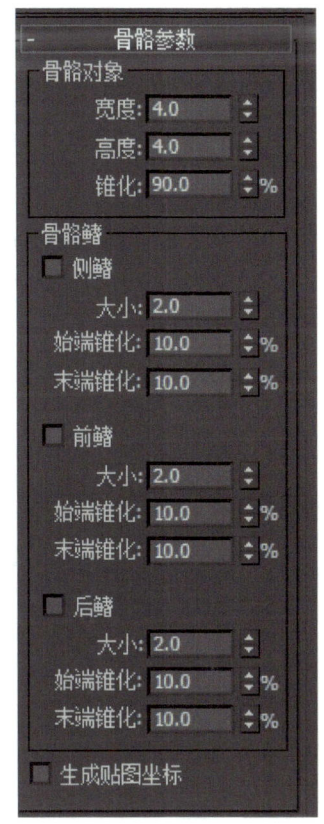

图 8.1-2

5. IK 解算器

（1）工作方法

①默认情况下，需要手动指定 IK 解算器。

②在 IK 链卷展栏中从列表中选择 IK 解算器，然后启用指定给对象，退出骨骼创建时，选择的 IK 解算器将自动应用于层次。

（2）HI 解算器

对于角色动画和序列较长的任何 IK 动画而言，HI 解算器都是首选方法。

（3）HD 解算器

它可用于设置关节的限制和优先级，最好在短动画序列中使用。

（4）IK 肢体解算器

它只能对链中的两块骨骼进行操作，是一种在视图中快速使用的分析型解算器。

（5）样条线 IK 解算器

它使用样条线确定一组骨骼或其他链接对象的曲率。

8.1.2 蒙皮设置

1．基本概念

蒙皮（Skin）修改命令是一种骨骼变形工具。

使用它可使一个对象变形为另一个对象，可使用骨骼、样条线甚至另一个对象变形为网格、面片或 NURSB 对象。

2．参数卷展栏

包括编辑封套、选择方式、横截面、封套属性和权重属性。

8.1.3 实例一 台灯片头动画

1．实训目的与要求

（1）实训目的

运用 3ds Max 软件制作皮克斯台灯的片头动画效果。

（2）实训要求

①骨骼的设置得当。

②台灯的动画运动效果良好。

2．实训内容

（1）台灯模型的制作。

（2）骨骼与蒙皮的设置。

（3）台灯动画的制作。

3．实训操作步骤

Step 1 制作台灯模型，如图 8.1-3 所示。

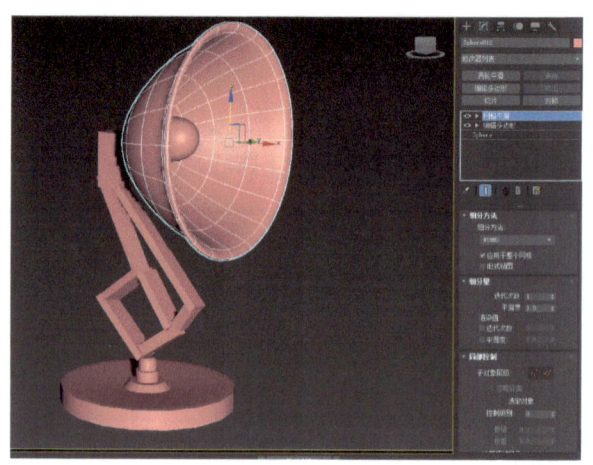

图 8.1-3

Step 2 搭建环境，创建一个平面作为地面，并旋转 90°复制为一个背景，创建一个泛光灯，倍增为 1，启用阴影，如图 8.1-4 所示。

图 8.1-4

Step 3 在地面上创建文本"PIXER"，添加【挤出】修改器，形成立体文字，如图 8.1-5 所示。

图 8.1-5

Step 4 在文字上添加【编辑多边形】修改器，进入元素子层级，单击字母"I"，单击【分离】按钮，将"I"字母单独分离出来，如图 8.1-6 所示。

第 4 部分 动画设计与制作

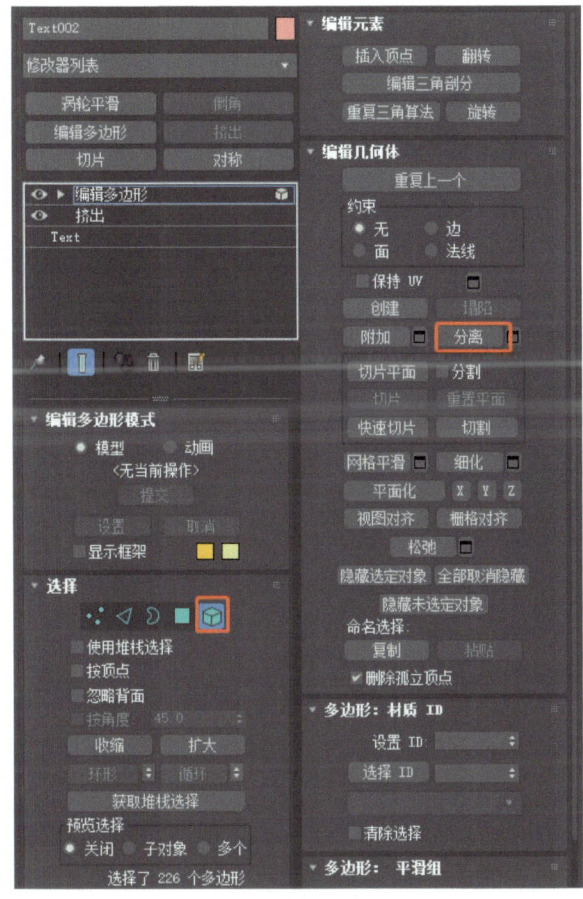

图 8.1-6

Step 5 创建骨骼蒙皮系统。为台灯创建骨骼；创建-系统-骨骼，在前视图沿着台灯的支柱走向创建一个骨骼链，如图 8.1-7 所示。

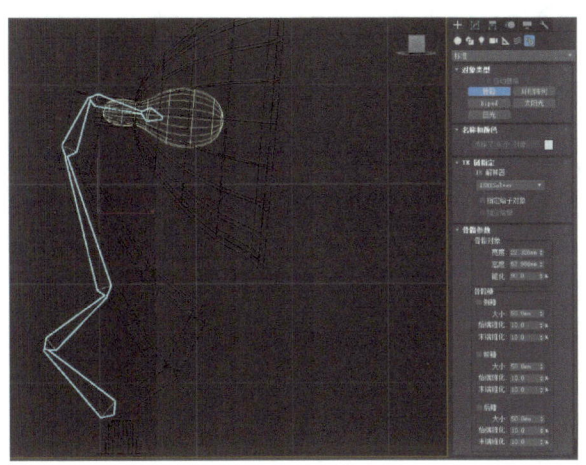

图 8.1-7

Step 6 调整好骨骼的形状与大小，给台灯添加【蒙皮】修改器，将创建好的骨骼添加进来，如图 8.1-8 所示。

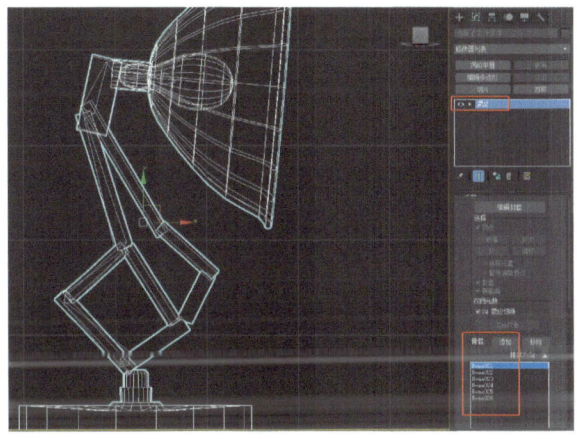

图 8.1-8

Step 7 编辑封套，使用权重工具依次调整骨骼的权重参数，如图 8.1-9 所示。

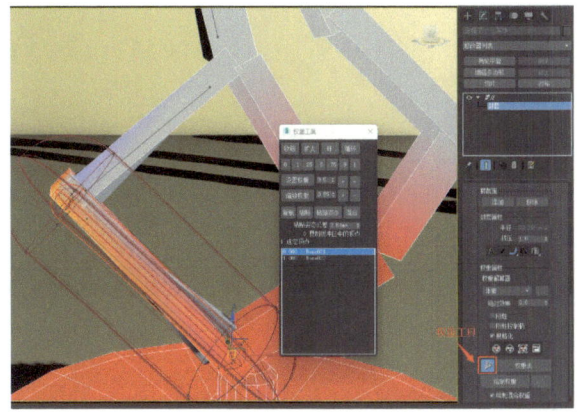

图 8.1-9

Step 8 制作动画。将选择过滤器的状态设为骨骼，选择台灯的底部根骨骼，激活自动关键点模式，在第 10 帧处，将骨骼移动至右上方，如图 8.1-10 所示。

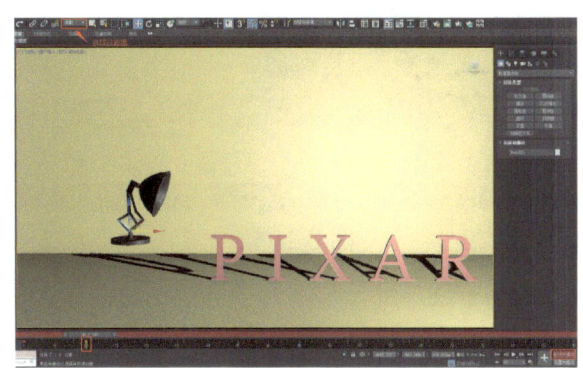

图 8.1-10

Step 9 将时间线移动至第 20 帧处，将骨骼移动至向右下方地面位置，如图 8.1-11 所示。

139

图 8.1-11

Step 10 将时间线移动至第 30 帧处,将骨骼移动至向右上方 I 字母上方位置,如图 8.1-12 所示。

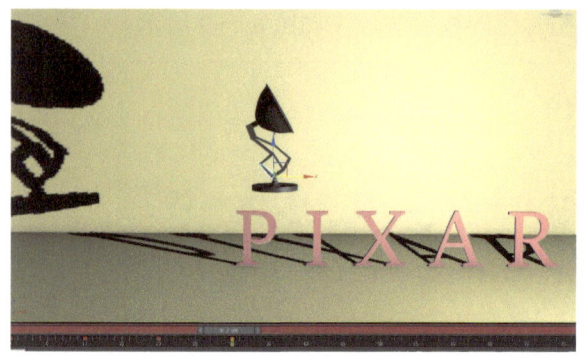

图 8.1-12

Step 11 将时间线移动至第 40 帧处,将骨骼移动至向 I 字母正上方位置,如图 8.1-13 所示。

图 8.1-13

Step 12 进一步丰富台灯跳动时的动态,选择根骨骼上方的第二根骨骼,根据起跳和下落的动作设置旋转的自动关键帧,在第 5 帧处的旋转角度如图 8.1-14 所示。

图 8.1-14

Step 13 第 30 帧处的旋转角度如图 8.1-15 所示。

图 8.1-15

Step 14 继续选择根骨骼上方的第三根骨骼,根据起跳和下落的动作设置旋转的自动关键帧,在第 0 帧处的旋转角度如图 8.1-16 所示。

图 8.1-16

Step 15 在第 10 帧处的旋转角度如图 8.1-17 所示。

图 8.1-17

Step 16 在第 30 帧处的旋转角度如图 8.1-18 所示。

图 8.1-18

Step 17 调整完 2 次起跳的动作后,继续制作台灯笔直向上跳起 2 次下落使 I 字母陷下地面的动画。

Step 18 选择根骨骼上方的第 2 根骨骼,在第 42 帧处,旋转骨骼,使台灯的状态恢复直立站立的状态,如图 8.1-19 所示。

图 8.1-19

Step 19 选择根骨骼,在第 42 帧处,复制第 40 帧处的关键帧(按住 Shift 键拖动第 40 帧移动至第 42 帧处),保持不动,如图 8.1-20

所示。

图 8.1-20

Step 20 将时间线移动至第 46 帧处,将根骨骼沿着 Z 轴向上移动,如图 8.1-21 所示。

图 8.1-21

Step 21 将时间线移动至第 50 帧处,将根骨骼沿着 Z 轴向下移动至 I 字母上方,如图 8.1-22 所示。

图 8.1-22

Step 22 将时间线移动至第 55 帧处,将根骨骼沿着 Z 轴向上移动,高度略高于第 46 帧处的高度,如图 8.1-23 所示。

图 8.1-23

Step 23 将时间线移动至第 60 帧处,将根骨骼沿着 Z 轴向下移动至 I 字母中部,如图 8.1-24 所示。

图 8.1-24

Step 24 将时间线移动至第 65 帧处,将根骨骼沿着 Z 轴向上移动至 I 字母上方,如图 8.1-25 所示。

图 8.1-25

Step 25 将时间线移动至第 70 帧处,将根骨骼沿着 Z 轴向下移动至 I 字母底部,如图 8.1-26 所示。

图 8.1-26

Step 26 退出根骨骼的关键帧模式,选择 I 字母,激活自动关键点模式,在第 60 帧处,将 I 字母沿着 Z 轴向下移动至与台灯底部齐平,如图 8.1-27 所示。

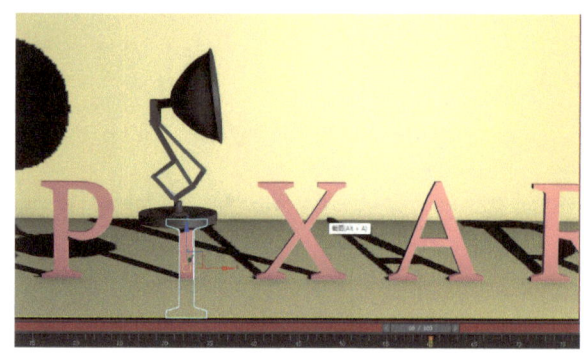

图 8.1-27

Step 27 选择第 0 帧的关键帧,直接拖动至第 57 帧,使台灯在第 57~60 帧之间的时间段内,I 字母随台灯缓慢下落,如图 8.1-28 所示。

图 8.1-28

Step 28 将时间线移动至第 68 帧,复制第 60 帧的关键帧(按住 Shift 键拖动第 60 帧移动至第 68 帧处),保持动态不变,如图 8.1-29 所示。

图 8.1-29

Step 29 将时间线移动至第 70 帧处,将 I 字母沿着 Z 轴向下移动至地面下方,如图 8.1-30 所示。

图 8.1-30

Step 30 选择台灯灯罩部位的骨骼,激活自动关键点模式,在第 80 帧处,使用旋转工具,将台灯头部旋转至正面,如图 8.1-31 所示。

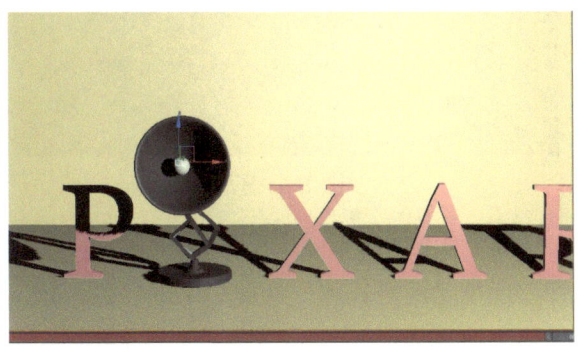

图 8.1-31

Step 31 选择这根骨骼第 0 帧的关键帧,直接拖动至第 72 帧处,使台灯从第 72 帧处开始转头,如图 8.1-32 所示。

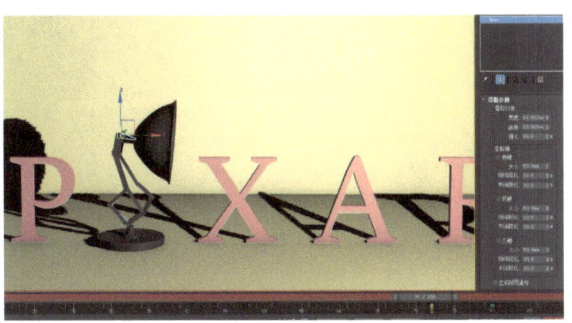

图 8.1-32

Step 32 创建一个聚光灯,其位置和方向与台灯灯罩保持一致,不启用阴影,如图 8.1-33 所示。

图 8.1-33

Step 33 选择聚光灯的目标点,激活自动关键点模式,在第 80 帧处,将聚光灯旋转至正面,与台灯保持一致的方向状态,如图 8.1-34 所示。

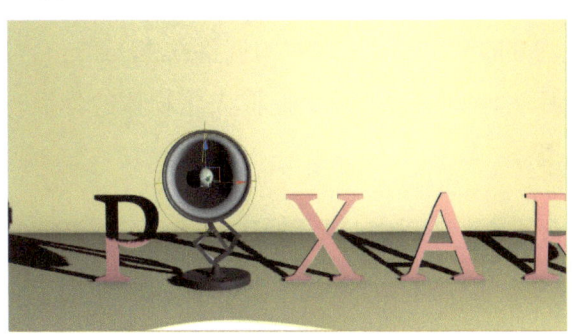

图 8.1-34

Step 34 选择聚光灯,在自动关键点模式下,将其在第 80 帧处的倍增强度参数设为 5,如图 8.1-35 所示。

图 8.1-35

Step 35 将第 0 帧的倍增强度参数设为 0，并将第 0 帧的关键帧拖动至第 75 帧处，如图 8.1-36 所示。

图 8.1-36

Step 36 检查台灯的总体动作及光照效果，预览动画。

教学小结

本节主要讲解了骨骼的创建与调整方法，基础的蒙皮设置，权重的调整方法，通过台灯片头动画的制作，掌握拟人化物体的骨骼动画。

8.1.4 实例二 人物行走动画

1. 实训目的与要求

（1）实训目的

运用 3ds Max 软件制作火柴人走路的动画效果。

（2）实训要求

① Biped 骨骼的设置得当。

② 火柴人走路的动画运动效果良好。

2. 实训内容

（1）Biped 骨骼的设置与调整。

（2）蒙皮与权重的设置。

（3）Biped 动画足迹模式的运用。

3. 实训技巧

Charactor Studio Biped 是 3ds Max 系统的一个插件。

（1）创建 Biped 两足动物

首先，单击【创建】—【系统】—【标准下方的【Biped】按钮，在视图中单击拖拽形成一个两足动物骨骼。效果如图 8.1-37 所示。

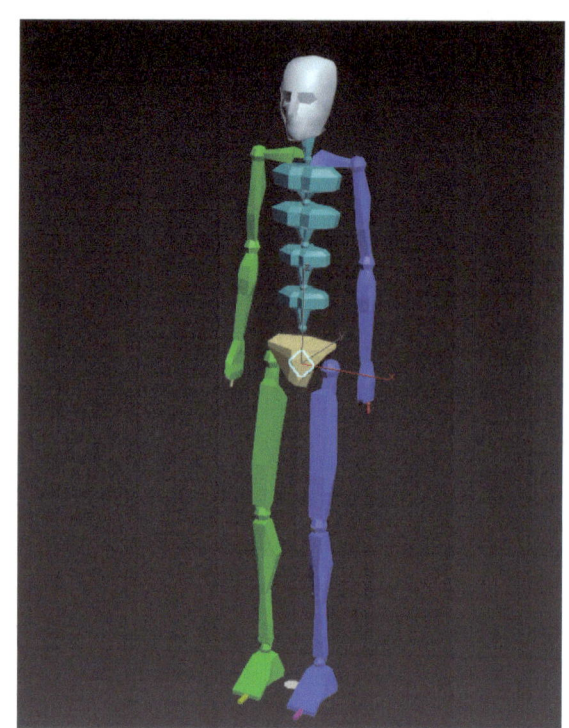

图 8.1-37

（2）Biped 两足动物卷展栏

使用"两足动物"卷展栏中的控件，使两足动物处于"体形""足迹""运动流"或"混合器"模式，然后加载并保存 .bip、stp、mfe 和 .fig 文件。您还可以在"两足动物"卷展栏中找到其它控件。

借助"两足动物"卷展栏中的"模式"组，可以打开"缓冲区""弯曲链接""橡皮圈""缩放步幅"和"就位"模式。

借助"两足动物"卷展栏中的"显示"组，可以调整两足动物的显示方式，从而提供用来显示或隐藏"对象""骨骼""足迹"和"轨迹"的控件。

此外，"两足动物"卷展栏还提供了相关的控件，用于将足迹转换成自由形式的动画，或将自由形式的动画转换成足迹动画。

注意：默认情况下，"模式"组、"显示"组和"名称"字段处于隐藏状态。单击扩展条可以显示这些组，卷展栏如图 8.1-38 所示。

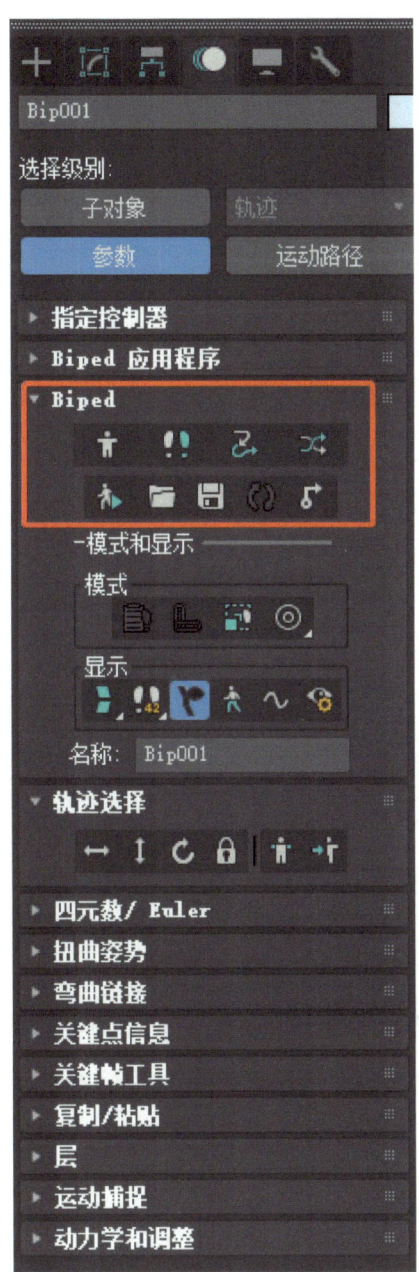

图 8.1-38

体形模式—使用体形模式，可以使两足动物适合代表角色的模型或模型对象。如果使用 Physique 将模型连接到两足动物上，请使"体形"模式处于打开状态。另外，使用"体形"模式，不仅可以缩放连接模型的两足动物，而且可以在应用 Physique 之后使两足动物"适合"调整，还可以纠正需要更改全局姿势的运动文件中的姿势。

当"体形"模式处于活动状态时，将会显示结构卷展栏。

注意：如果"体形"模式处于打开状态，则两足动物将会从其动画位置跳转到"体形"模式姿态。退出"体形"模式后，将一直保留动画。

足迹模式—创建和编辑足迹；生成走动、跑动或跳跃足迹模式；编辑空间内的选定足迹；以及使用"足迹"模式下可用的参数附加足迹。

运动流模式—创建脚本并使用可编辑的变换，将 .bip 文件组合起来，以便在运动流模式下创建角色动画。创建脚本并编辑变换之后，请使用"两足动物"卷展栏中的"保存段落"将脚本存储为一个大的 .bip 文件。此后，保存 .mfe 文件；这样做可以使您继续执行正在进行的"运动流"工作。

提示：使用"运动流模式"，可以同时剪切捕获文件。

注意：如果"运动流模式"处于活动状态，将会显示运动流卷展栏。

混合器模式— 激活"两足动物"卷展栏中当前的所有混合器动画，并显示混合器卷展栏。

Biped 播放—除非显示首选项对话框中不包含所有两足动物，否则会播放其动画。通常，在这种重放模式下，可以实现实时重放。如果使用 3ds Max 工具栏中的"播放"按钮，可能不会实现实时重放。

注意：在"Biped 播放"模式下，两足动物只能显示为骨骼，其中不显示其他任何场景对象。

📁 加载文件——使用打开对话框，可以加载 .bip、.fig 或 .stp 文件。

💾 保存文件——打开另存为对话框，在该对话框中，可以保存"两足动物"文件（.bip）、体形文件（.fig）和步长文件（.stp）。

🔄 转换——将足迹动画转换成自由形式的动画。这种转换是双向的。根据相关的方向，显示转换为自由形式对话框或转换为足迹对话框。"转换"按钮可以使用两足动物足部 IK 混合值提取足迹。使用"转换"按钮，可以从使用"运动流"模式中的"保存段落"保存的动画中提取足迹。

➡️ 移动所有模式——使两足动物与其相关的非活动动画一起移动和旋转。如果此按钮处于活动状态，则两足动物的重心会放大，使平移时更加容易选择。"移动所有"对话框上的"塌陷"按钮可用于将"移动所有"对话框中的位置和旋转值重设为零，同时并不更改两足动物的位置。

📋 缓冲区模式——编辑"缓冲区"模式下的动画段落。首先，使用"足迹操作"卷展栏中的"复制足迹"将足迹和相关的两足动物关键点复制到缓冲区中，然后打开"缓冲区"模式，以便查看和编辑复制的动画段落。

提示：将缓存的运动反复粘贴回原始动画中，可以创建循环的运动。

🔘 橡皮圈模式——使用此按钮重新定位两足动物的肘部和膝盖，而无需在"体形"模式下移动两足动物的双手或双脚。重新定位动物的重心，以便模拟施向两足动物的风力或推力。要启用"橡皮圈模式"，就必须打开"体形"模式。

要重新定位两足动物的膝盖和肘部，请依次打开"体形"模式和"橡皮圈"模式。此后，选择"移动"变换工具，再选择和拖动视口中的两足动物上臂或大腿。

要重新定位两足动物相对于骨骼的重心，请依次打开"体形"模式和"橡皮圈"模式。此后，选择"移动"变换工具，再选择和拖动视口中的重心。使用此按钮说明施向重型对象的风力或推力。

注意："橡皮圈"模式与"非统一缩放"模式的功能不尽相同。例如，如果对两足动物的大腿采用"橡皮圈"模式，则大腿和两足动物的小腿对象会按照一定的比例进行缩放，从而使两足动物的双脚固定不动。使用"非统一缩放"模式，小腿会保留原来的比例，而双脚会发生移动。

将两足动物重心（蓝色钻石形）移至角色背后的同时，转换此默认的走动周期，使其行同和大风的搏斗。

🔲 缩放步幅模式—— 经缩放，缩放步幅的长度和宽度可以与两足动物体形的长度和宽度匹配。默认情况下，"缩放步幅"模式处于打开状态。如果"缩放步幅"模式处于关闭状态，则会显示该图标。默认情况下，"缩放步幅"模式处于打开状态。如果加载 .bip、.stp 或 .fig 文件，则会出现缩放现象。如果粘贴足迹和缩放两足动物的腿部或骨盆，也会出现缩放现象。例如，如果从较大的两足动物中加载已经保存的 .bip 文件，则足迹会进入当前缩放的场景中，以便匹配较小的选定两足动物。如果"缩放步幅"模式处于关闭状态，则无需缩小，足迹便可进入当前的场景中。

◎ 原地模式——使用"原地模式"可以使两足动物在播放动画时显示在视口中。使用此按钮，可以编辑两足动物的关键点，或使用 Physique 调整封套。为此，可以防止 XY 在播放动画时移动两足动物的重心。但是，将保留沿着 Z 轴的运动。

原地 X 模式—锁定重心 X 轴运动。使用此按钮可以导出游戏，其中，角色处于原位，但保留腿部和上半身沿着 Y 轴的翻转运动。

原地 Y 模式—锁定重心 Y 轴运动。使用此按钮可以导出游戏，其中，角色处于原位，但保留腿部和上半身沿着 X 轴的翻转运动。

使用"原地"模式，可以调整两足动物肢体、足迹和重心的关键点。如果重心在此模式下沿着 X 和 Y 轴移动，则足迹也会随之移动。在没有追随摄影机情况下，查看两足动物的重播。在这种查看模式下，可以在两足动物的下方"滑动"显示的足迹。

注意：如果"原地"模式处于活动状态，则不会显示轨迹。

注意：默认情况下，"显示组"处于隐藏状态。要显示该组，请单击"两足动物"卷展栏中的扩展器。

显示对象按钮菜单—使用此按钮菜单，可以同时或单独显示骨骼和对象：

对象—显示两足动物形体对象；如果在渲染之前没有将这些对象关闭，则会对其进行渲染。所以，先隐藏两足动物对象，然后渲染场景。另外，可以使用"显示"面板和"显示浮动框"中的标准 3ds Max 隐藏控件，以隐藏各个形体对象。

骨骼—显示两足动物的骨骼。没有渲染的骨骼以相应链接的颜色表示。要确切地查看关节与两足动物对象的连接位置，"显示骨骼"是很有用的。对象和骨骼—同时显示骨骼和对象。显示足迹按钮菜单—使用此按钮菜单，可以显示或隐藏足迹及其参数。

显示足迹和编号—显示两足动物的足迹和足迹数量。足迹数量可以按照两足动物要沿着足迹创建的路径移动的方向指定顺序。足迹数量显示为白色，未加以渲染，但不会显示在预览渲染中。

默认情况下，足迹显示为绿色和蓝色的脚形。另外，这些足迹还可以显示在预览渲染中。

扭曲链接—切换设置扭曲时所用的附加前臂链接的显示。

腿部状态—如果此按钮处于打开状态，则视口会在相应帧中的每个脚部显示"移动""滑动"和"踩踏"。

轨迹—显示选定两足动物肢体的轨迹。

提示：两足动物水平和垂直轨迹中关键点的编辑方法是：依次打开"轨迹"和"子对象"，然后选择水平或垂直重心轨迹，再变换视口中的关键点。

显示首选项—显示"显示首选项"对话框。使用该对话框，可以更改足迹颜色和轨迹参数，还可以在"两足动物"卷展栏中使用"两足动物重放"时设置要重放的两足动物数量。足迹颜色首选项是一种区别某个场景中两个或多个两足动物足迹的理想方法。

名称：Bip001 名称卷展栏

使用"名称"卷展栏可以更改两足动物的名称。在"两足动物"卷展栏中更改名称时，可以重新命名重心，而整个两足动物层次会继承新的名称。

4. 实训操作步骤

【火柴人行走动画】

Step 1 创建火柴人模型。打开 3ds Max 软件，制作火柴人模型，利用球体将各个关节部位连接起来，如图 8.1-39 所示。

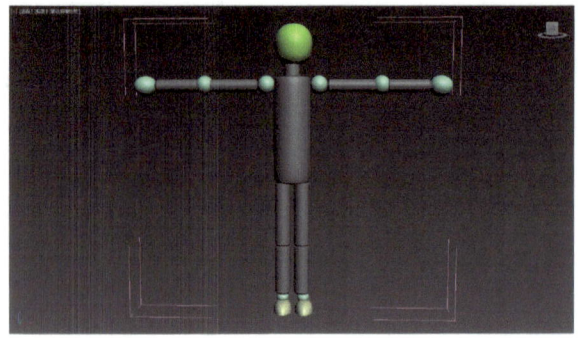

图 8.1-39

Step 2 将创建好的火柴人身体各个部位全部框选,打开菜单【组】-组,将火柴人全身集合在一个组中,如图 8.1-40 所示。

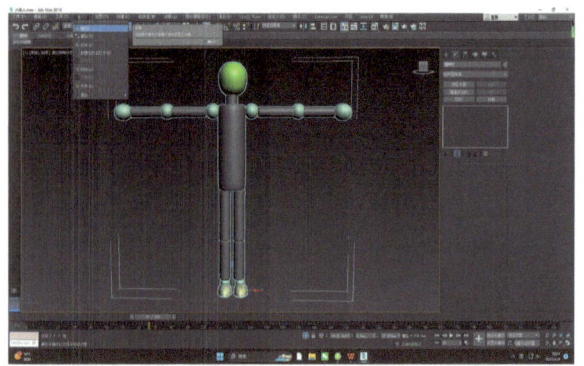

图 8.1-40

Step 3 将前视图最大化,单击创建—系统—Biped,将 Biped 骨骼绘制在火柴人旁边,如图 8.1-41 所示。

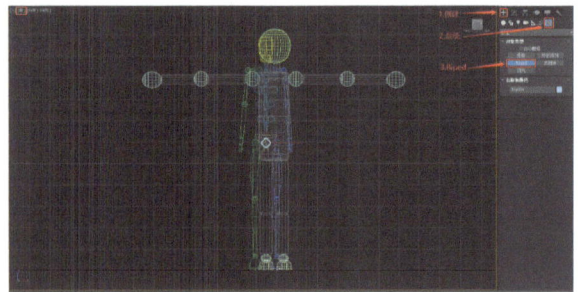

图 8.1-41

Step 4 调整 Biped 骨骼的位置,使之与火柴人吻合。单击运动面板,进入体形模式,选择 Biped004 可移动整个骨架的位置以调整骨骼的状态,如图 8.1-42 所示。

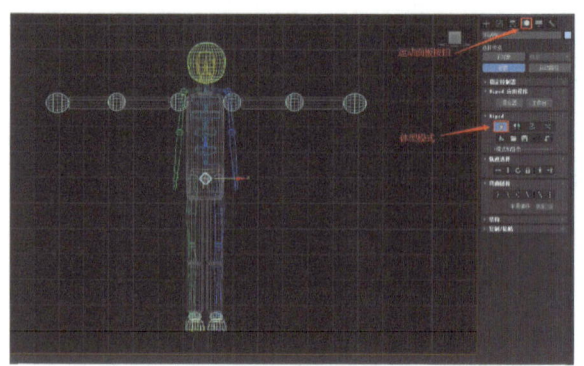

图 8.1-42

Step 5 展开结构面板,将脊椎链接数量设为 3,手指数量设为 0,脚趾和脚趾链接数量均设为 1,如图 8.1-43 所示。

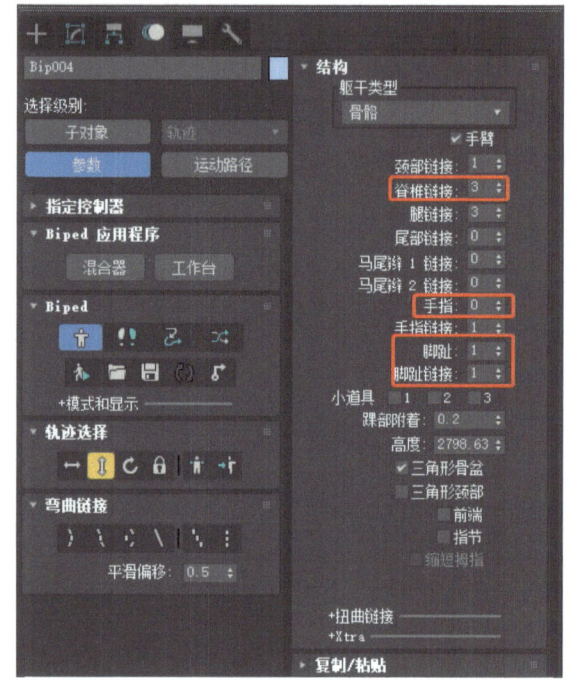

图 8.1-43

Step 6 在前视图通过缩放和旋转工具调整脊椎的大小和位置,如图 8.1-44 所示。

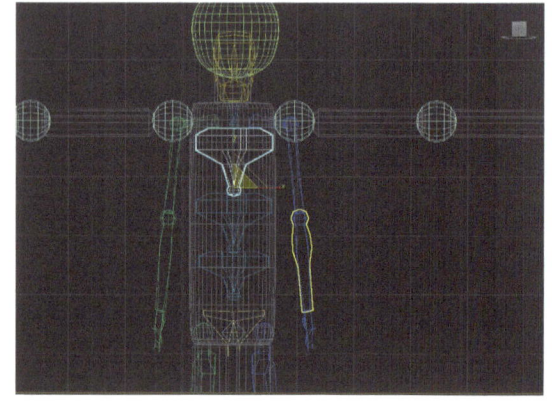

图 8.1-44

Step 7 使用移动工具向上移动脖子部分的骨骼使其与身体中的脖子部位吻合，如图 8.1-45 所示。

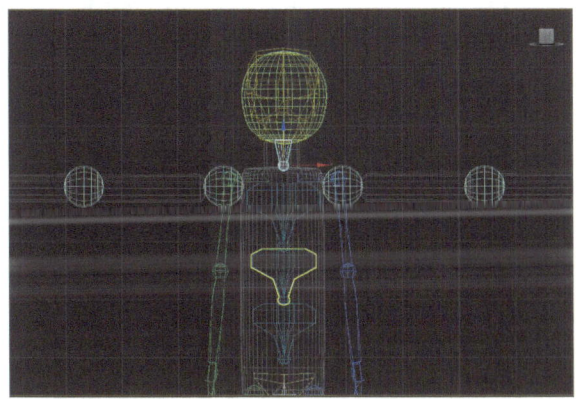

图 8.1-45

Step 8 使用缩放工具调整头部骨骼的大小与形状，如图 8.1-46 所示。

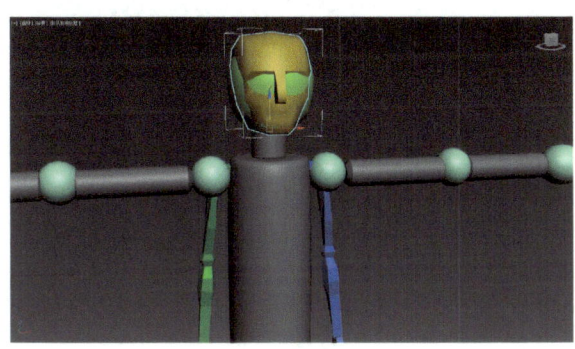

图 8.1-46

Step 9 选择火柴人左侧的肩膀处骨骼，使用移动工具将其与肩膀处的关节对齐，使用旋转工具将大臂调整为与胳膊模型齐平的状态，如图 8.1-47 所示。

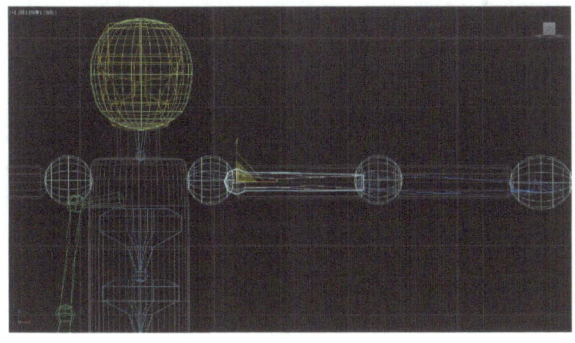

图 8.1-47

Step 10 将火柴人左侧的整条胳膊选中，展开运动面板中的复制/粘贴面板，单击创建集合按钮，点击复制姿态，单击向对面粘贴姿态，至此，火柴人的两侧胳膊姿态已调整完毕，如图 8.1-48 所示。

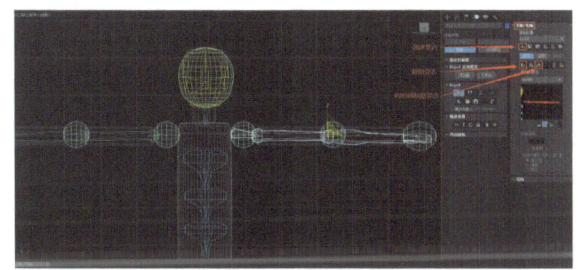

图 8.1-48

Step 11 继续调整火柴人左侧的腿部骨骼，借助旋转和缩放工具使其骨骼与大腿、小腿、脚踝、脚趾处保持吻合，如图 8.1-49 所示。

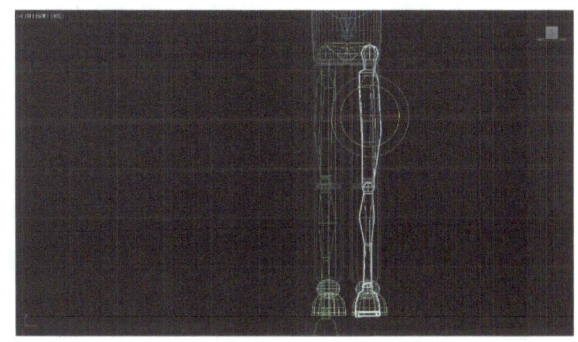

图 8.1-49

Step 12 将火柴人左侧的整条腿选中，展开运动面板中的复制/粘贴面板，单击创建集合按钮，点击复制姿态，单击向对面粘贴姿态，至此，火柴人的两侧胳膊姿态已调整完毕，如图 8.1-50 所示。

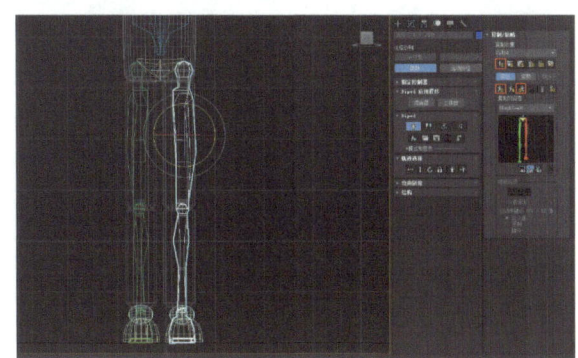

图 8.1-50

Step 13 骨骼形体调整完成以后，退出体形模式，如图 8.1-51 所示。

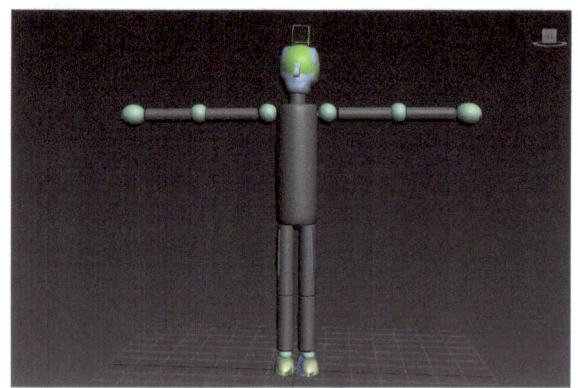

图 8.1-51

Step 14 选择火柴人模型组 001，添加【蒙皮】修改器，如图 8.1-52 所示。

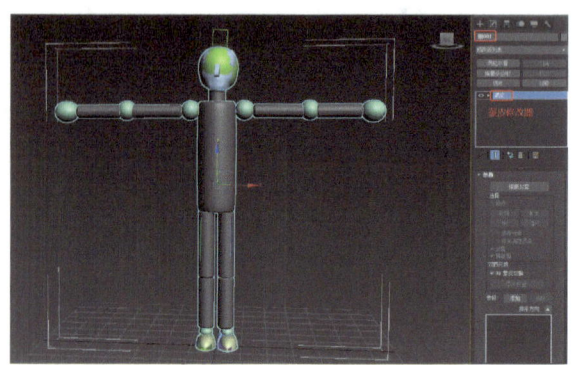

图 8.1-52

Step 15 在蒙皮面板单击添加按钮，在打开的选择骨骼面板中选择 Bip002 骨骼，并依次展开 Bip002 下面的各层次骨骼，同时选择这些 Bip002 系列骨骼，单击选择按钮，将所有 Bip002 加载进来，如图 8.1-53 所示。

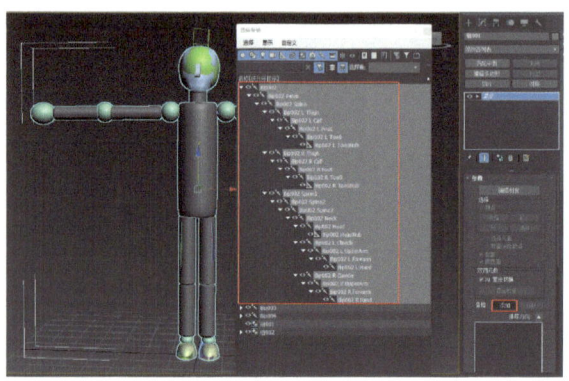

图 8.1-53

Step 16 在蒙皮参数面板中单击【编辑封套】，勾选顶点，以便于调整各个骨骼部位的权重，如图 8.1-54 所示。

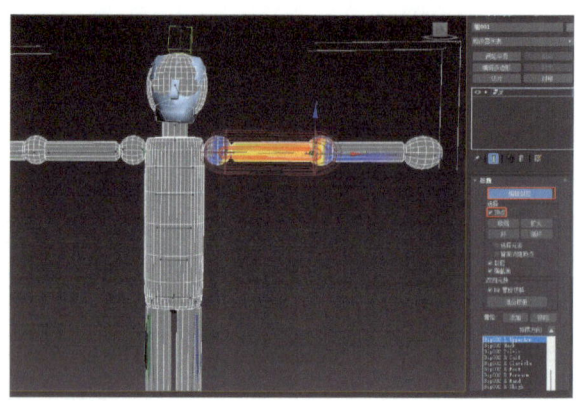

图 8.1-54

Step 17 在蒙皮参数面板中单击【权重工具】按钮，框选需要调整的顶点，在权重工具窗口中选择合适的权重参数，如图 8.1-55 所示。

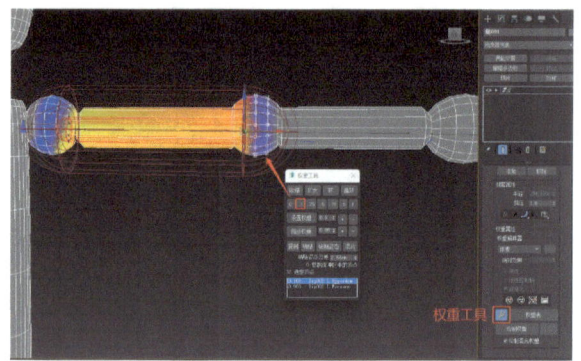

图 8.1-55

Step 18 选择 Bip002 Pelvis 骨骼，打开运动面板，进入足迹模式，如图 8.1-56 所示。

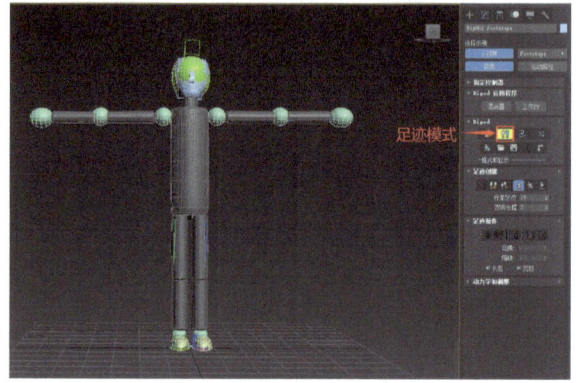

图 8.1-56

Step 19 在足迹创建一栏单击【创建多个足迹】按钮，在弹出的窗口中，设置足迹数量、步幅等参数，单击确定，如图 8.1-57 所示。

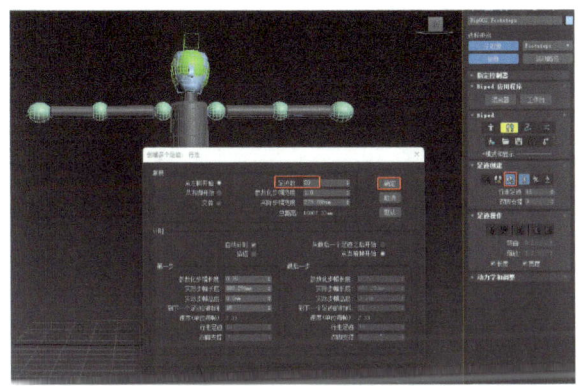

图 8.1-57

Step 20 单击为非活动足迹创建关键帧按钮，即可激活人物，根据创建的足迹进行行走运动，如图 8.1-58 所示。

图 8.1-58

Step 21 观察人物行走时的状态，发现身体某部位变形时，重复第 16 步的操作，继续修正骨骼的权重，如图 8.1-59 所示。

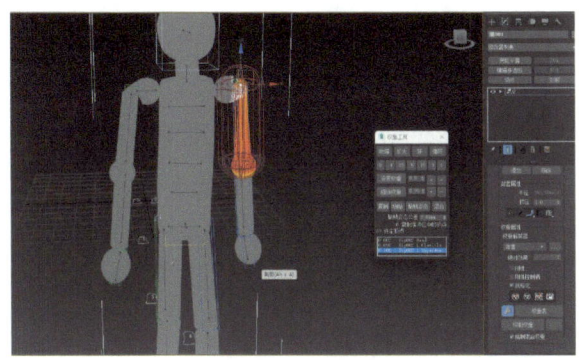

图 8.1-59

Step 22 调整完成以后，预览火柴人行走的动画效果。

> 教学小结

通过本节学习，应了解 3ds Max 软件中骨骼动画的基础用法，包括骨骼和 Biped 两足动物骨骼动画，掌握骨骼蒙皮及权重设置的操作方法、角色足迹动画的技巧。

> 作业布置与要求

结合前期制作的角色动画模型，制作角色的走、跑、跳等动作动画效果。

要求：

1. 角色的骨骼设置恰当。
2. 骨骼蒙皮及权重设置无明显的瑕疵。
3. 角色运动的动画整体效果流畅自然。

8.2 动画特效

8.2.1 动画特效基础知识

1.【喷射粒子】初识

使用喷射粒子可以用来表示下雨、水管喷水、喷泉等效果，也可以表现彗星拖尾效果，这种粒子参数较少，易于控制，操作简便，所有数值均可制作动画。

2.【动力学 MassFX】知识概述

3ds Max 软件中的动力学系统非常强大，可以快速地制作出物体与物体之间真实的物理作用效果，是制作动画必不可少的一部分。

动力学支持刚体和软体动力学、布料模拟和流体模拟，并且它拥有物理属性，如质量、摩擦力和弹力等，可用来模拟真实的碰撞、绳索、布料、马达和汽车等运动效果。动力学可以用于定义物理属性和外力，当对象遵循物理定律进行相互作用时，可以让场景自动生成最终的动画关键帧。

8.2.2 实例一 动力学动画

1. 实训目的与要求

（1）实训目的

运用动力学 MassFX 工具进行模拟刚体碰撞的动画效果，通过动力学刚体的设置让动画更加真实。

（2）实训要求

① MassFX 工具的运用熟练。

②动力学动画的效果自然流畅。

2. 实训内容

（1）动力学刚体的设置与调整。

（2）运动学刚体的设置与调整。

3. 实训技巧

（1）动力学 MassFX 工具栏打开方式

在"主工具栏"的空白处单击鼠标右键，然后在弹出的菜单中选择"MassFX 工具栏"命令，可以调出"MassFX 工具栏"，

调出的"MassFX 工具栏"，如图 8.2-1 所示。

图 8.2-1

（2）模拟工具介绍

将模拟实体重置为其原始状态：单击该按钮可以停止模拟，并将时间线滑块移动到第 1 帧，同时将任意动力学刚体设置为其初始变换。

开始模拟：从当前帧运行模拟，时间线滑块为每个模拟步长前进一帧，从而让运动学刚体作为模拟的一部分进行移动。

当模拟运行时，时间线滑块不会前进，这样可以使动力学刚体移动到固定点。

开始没有动画的模拟。

逐帧模拟：运行一个帧的模拟，并使时间线滑块前进相同的量。

（3）刚体创建工具

MassFX 工具中的刚体创建工具分为 3 种，分别是"将选定项设置为动力学刚体"工具、"将选定项设置为运动学刚体"工具和"将选定项设置为静态刚体"工具，如图 8.2-2 所示。

图 8.2-2

①将选定项设置为动力学刚体

使用"将选定项设置为动力学刚体"工具可以将未实例化的 MassFX Rigid Body（MassFX 刚体）修改器应用到每个选定对象，并将刚体类型设置为"动力学"，然后为每个对象创建一个"凸面"物理网格。如果选定对象已经具有 MassFX Rigid Body（MassFX 刚体）修改器，则现有修改器将更改为动力学，而不重新应用。动力学刚体的运动完全由模拟控制，它们会受重力和其他对象的撞击而发生运动。

②将选定项设置为运动学刚体

使用"将选定项设置为运动学刚体"工具可以将未实例化的 MassFX Rigid Body（MassFX 刚体）修改器应用到每个选定对象，并将刚体类型设置为"运动学"，然后为每个对象创建一个"凸面"物理网格，如图 14-13 所示。如果选定对象已经具有 MassFX Rigid Body（MassFX 刚体）修改器，则现有修改器将更改为运动学，而不重新应用。

运动学刚体可以影响模拟中的动力学刚体对象，但不会受动力学对象影响

4. 实训操作步骤

Step 1 打开教材所带的源文件素材，找到制作好的保龄球场景模型，如图 8.2-3 所示。

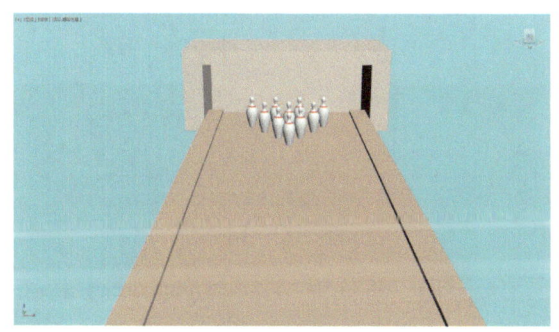

图 8.2-3

Step 2 选择创建【几何体】—【标准基本体】—【球体】工具，在【顶】视图中创建一个球体 Sphere001，半径设为 200.0 mm，颜色设为红色，如图 8.2-4 所示。

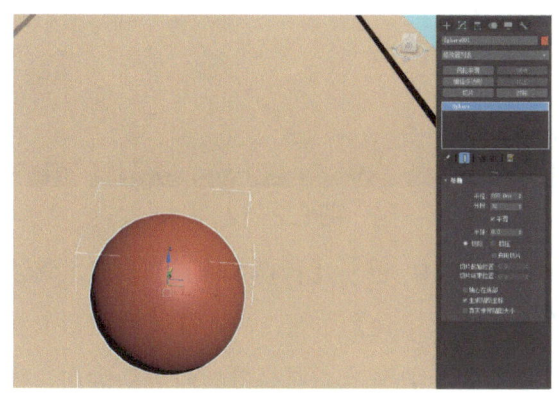

图 8.2-4

Step 3 在"主工具栏"的空白处单击鼠标右键，然后在弹出的菜单中选择"MassFX 工具栏"命令，调出"MassFX 工具栏"，如图 8.2-5 所示。

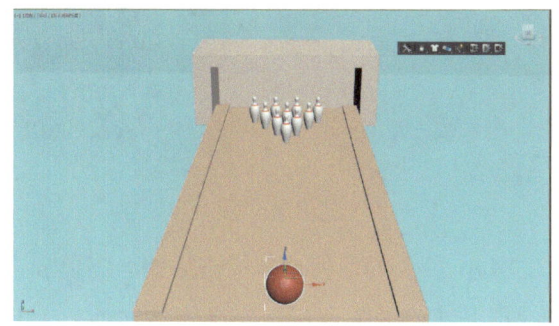

图 8.2-5

Step 4 激活【自动关键点】按钮，选择球体，将时间线移动至第 15 帧处，将球体沿着 Y 轴移动至保龄球的位置，如图 8.2-6 所示。

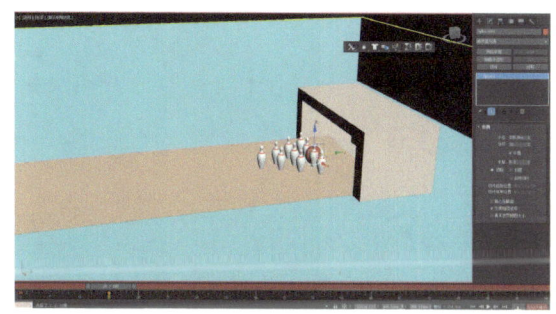

图 8.2-6

Step 5 选择球体，在"MassFX 工具栏"中单击【将选定对象设置为运动学刚体】按钮，如图 8.2-7 所示。

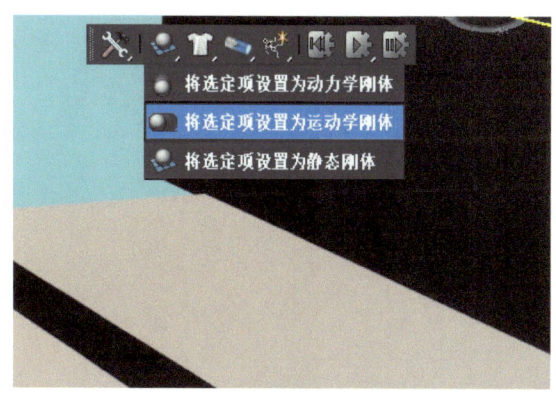

图 8.2-7

Step 6 选择一个保龄球，在"MassFX 工具栏"中单击【将选定对象设置为动力学刚体】按钮，（由于保龄球是运用【实例】方式复制的，所以任意选择一个保龄球设置为动力学刚体，其他所有的保龄球均可成为动力学刚体。）如图 8.2-8 所示。

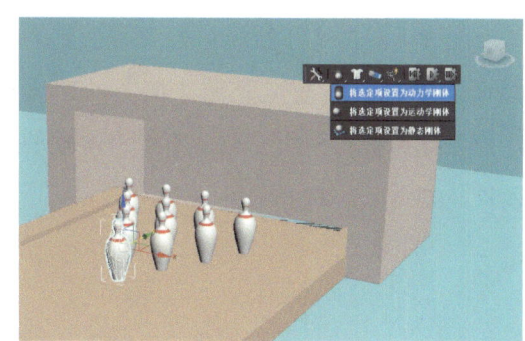

图 8.2-8

Step 7 选择球道和挡板，在"MassFX 工具栏"中单击【将选定对象设置为静态刚体】按钮，如图 8.2-9 所示。

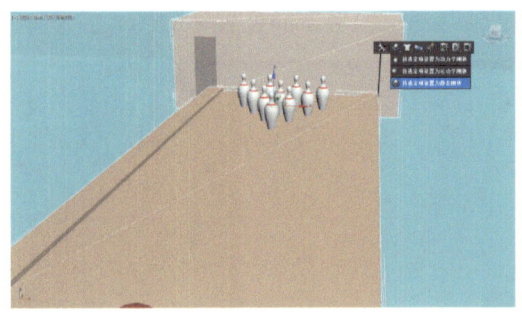

图 8.2-9

Step 8 在"MassFX 工具栏"中单击【模拟工具】按钮，弹出【MassFX 工具】窗口；在【模拟工具】窗口中单击【开始模拟】按钮，进行运动模拟，如图 8.2-10 所示。

图 8.2-10

Step 9 通过【开始模拟】观察得到的运动画面如图，我们发现保龄球撞击的速度过快，导致球瓶被击落出球道，不符合常规的运动效果，如图 8.2-11 所示。

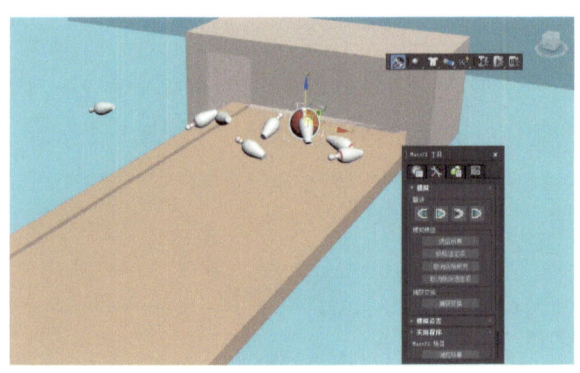

图 8.2-11

Step 10 再次激活【自动关键点】按钮，选择球体，单击第 15 帧处的关键帧，并将其向后移动至第 30 帧处，如图 8.2-12 所示。

图 8.2-12

Step 11 退出【自动关键点】模式，再次单击【模拟工具】按钮，单击【开始模拟】按钮，进行运动模拟。观察得到的运动画面，如图 8.2-13 所示。

图 8.2-13

Step 12 为了使球体撞击后的动态更加自然，展开【修改】面板，在【刚体属性】工具栏中，勾选【直到帧】按钮，设置帧数为 28，再次单击【开始模拟】按钮，进行运动模拟，如图 8.2-14 所示。

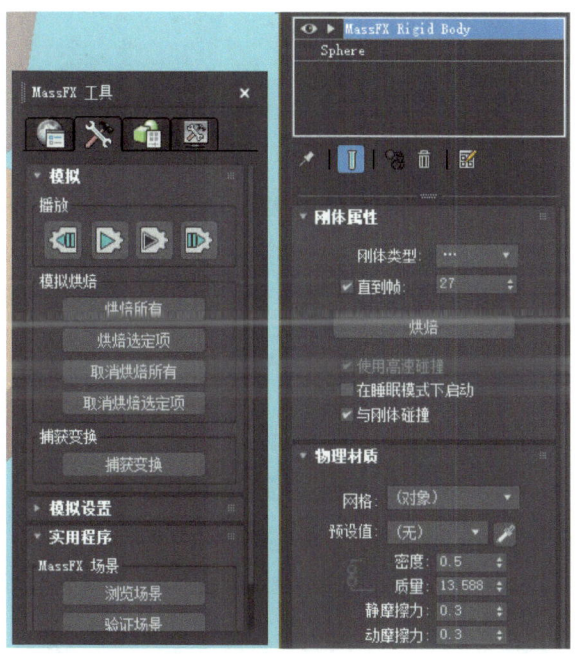

图 8.2-14

Step 13 通过观察得到的运动画面较为自然流畅，在【模拟烘焙】栏目中单击【烘焙所有】按钮，时间线上自动产生运动的关键帧，动力学动画制作完成，可进行渲染输出动画，如图 8.2-15 所示。

图 8.2-15

教学小结

本节主要讲解了动力学 MassFX 工具的打开与运用，动力学刚体、运动学刚体与静态刚体的设置与调整，通过打保龄球运动，设置保龄球为运动学刚体，为其设置运动关键帧，球瓶设为动力学刚体，以模拟出自然流畅的运动效果。

8.2.3 实例二 水珠动画

1. 实训目的与要求

（1）实训目的

运用粒子系统、泛方向导向板与粒子系统绑定等知识制作水珠动画效果。

（2）实训要求

①粒子系统的参数设置得当。

②水珠动画的效果自然流畅。

2. 实训内容

（1）粒子系统的创建与设置。

（2）泛方向导向板的设置。

3. 实训知识链接

【泛方向导向板】

泛方向导向板是空间扭曲的一种平面泛方向导向器类型。它具有比原始导向器空间扭曲更强大的功能，包括折射和反射能力。

【反弹】：这是一个倍增器，用来指定粒子的初始速度中有多少会在碰撞泛方向导向板之后得以保持。使用默认设置 1.0 会使粒子在碰撞时以相同的速度反弹。产生真实效果的值通常小于 1.0；对于夸大的效果，则应设置为大于 1.0。

【通过速度】：指定粒子的初始速度中有多少在经过泛方向导向板后得以保持。默认设置 1.0 会保持初始速度，所以不会发生变化。设置 0.5 会使速度减半。

【摩擦力】：粒子沿导向器表面移动时减慢的量。数值 0 表示粒子根本不会减慢。数值 50% 表示它们会减慢至原速度的一半。数值 100% 表示它们在撞击表面时会停止。默认设置为 0。范围为 0~100%。

要使粒子沿导向器曲面滑动，需要将【反

弹】设置为 0。另外，除非受风或重力等力的影响，用于滑动的粒子应以除 90°以外的角度撞击该曲面。

4. 实训操作步骤

Step 1 打开教材所带的源文件素材，找到制作好的荷叶场景模型，如图 8.2-16 所示。

图 8.2-16

Step 2 选择创建【几何体】—【粒子系统】—【粒子云】工具，在【顶】视图中创建粒子云发射器，在【基本参数】—【显示图标】卷展栏中将【半径/长度】【宽度】【高度】分别设置为 50.0 mm，35.0 mm 和 25.0 mm。在【视口显示】选项组中选中【圆点】单选按钮。如图 8.2-17 所示。

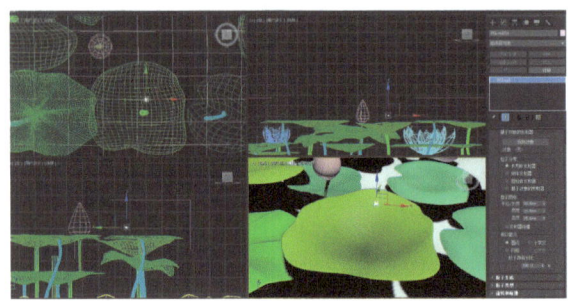

图 8.2-17

Step 3 在【粒子生成】卷展栏中将【使用速率】设置为 5，将【粒子运动】选项组中的【速度】设置为 1.5，在【粒子】选项组中将【发射开始】、【发射停止】、【显示时限】、【寿命】和【变化】分别设置为 -65、100、100、165、0，在【粒子大小】选项组中将【大小】【变化】分别设置为 7、40，如图 8.2-18 所示。

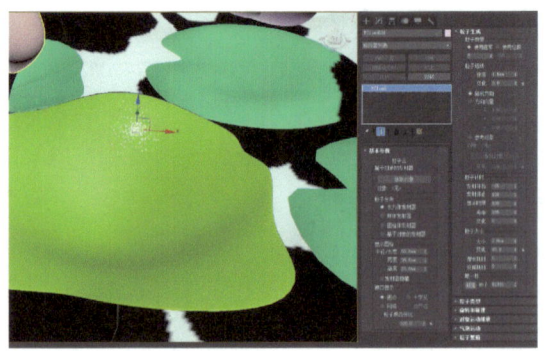

图 8.2-18

Step 4 在【粒子类型】卷展栏中将【粒子类型】设置为【变形球粒子】，选择【创建】—【空间扭曲】—【力】—【重力】工具，在顶视图中创建重力，如图 8.2-19 所示。

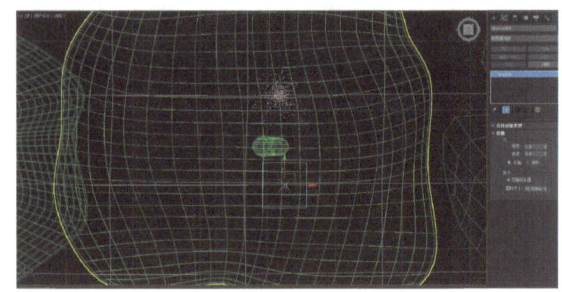

图 8.2-19

Step 5 在工具栏中单击【绑定到空间扭曲】按钮，在场景中将粒子系统和重力绑定到一起，选择重力对象，在【修改】命令面板中，在【参数】卷展栏中将【强度】设量为 0.3，如图 8.2-20 所示。

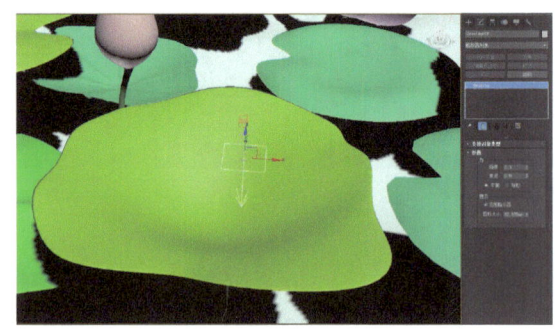

图 8.2-20

Step 6 选择【创建】—【摄影机】—【标准】—【目标】工具，在顶视图中创建目标摄影机，选择【透视】视图，按 c 健将其转换为【摄影机】视图，然后在其他视图中调整摄影机的位置，效果如图 8.2-21 所示。

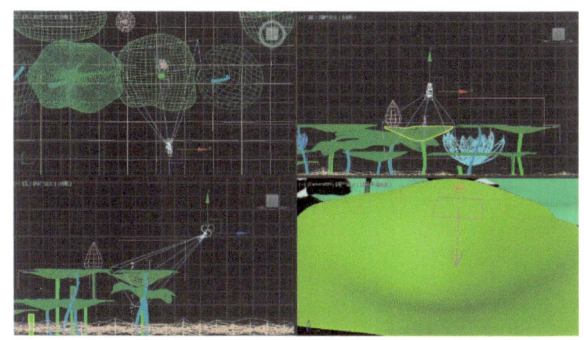

图 8.2-21

Step 7　选择【创建】—【空间扭曲】—【导向器】—【泛方向导向板】工具,在【顶】视图中创建导向板,然后在视图中调整其位置,效果如图 8.2-22 所示。

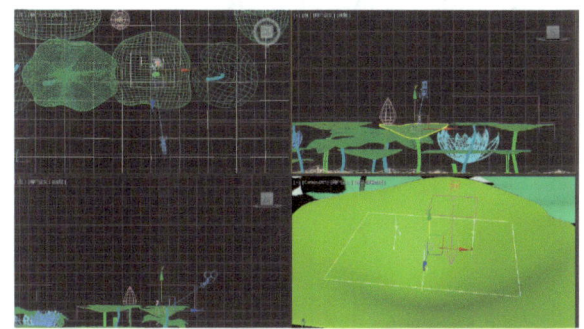

图 8.2-22

Step 8　单击【绑定到空间扭曲】按钮,将粒子系统和导向板绑定到一起,选择导向板,在【参数】卷展栏中将【反射】选项组中的【反弹】设置为 0.3,在【折射】选项组中将【透过速度】设置为 0.5,在【公用】选项组中将【摩擦力】设置为 45,如图 8.2-23 所示。

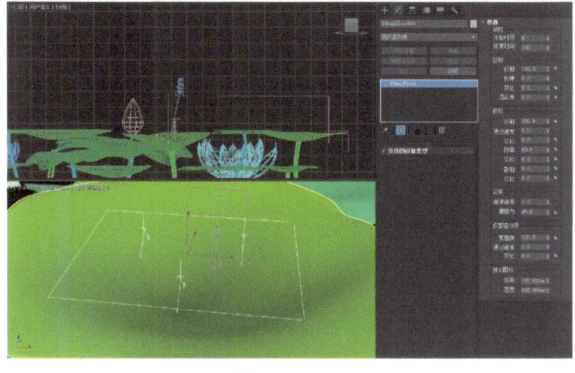

图 8.2-23

Step 9　在【显示图标】选项组中将【宽度】【长度】分别设置为 200.0 mm,175.0 mm,

确定【粒子系统】处于选择状态,按 M 键打开【材质编辑器】对话框,在该对话框中将明暗器类型设置为【金属】,将【环境光】RGB 值设置为 150,150,150,将【高光级别】【光泽度】分别设置为 34,76,展开【贴图】卷展栏,将【反射】【折射】分别设置为 60、78,单击【反射】右侧的【无】按钮,在弹出的对话框中选择【位图】选项,单击【确定】按钮,再在弹出的对话框中选择教材中的水材质文件,单击【打开】按钮,如图 8.2-24 所示。

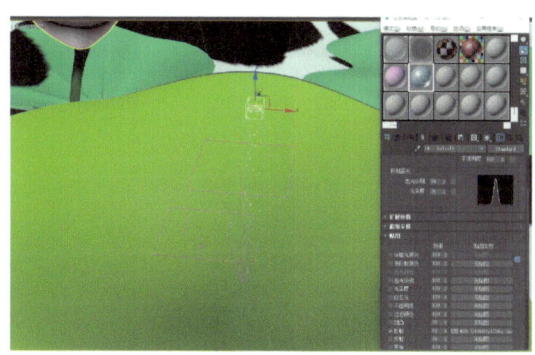

图 8.2-24

Step 10　在【位图参数】卷展栏中勾选【应用】复选框,设置图片的裁剪区域,将 U,V,W,H 分别设置为 0.613,0.205,0.168,0.791,如图 8.2-25 所示。

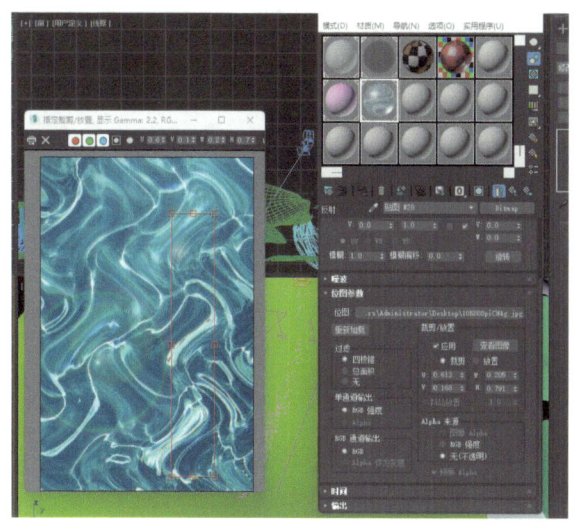

图 8.2-25

Step 11　单击【转到父对象】按钮,单击【折射】右侧的【无】按钮,在弹出的对话框中选择【光线跟踪】选项,单击【确定】按钮，保持默认设置，单击【转到父对象】按钮，然后单击【将材质指定给选定对象】按钮，激活【摄影机】视图进行渲染一帧观看效果，如图 8.2-26 所示。最后将场景进行渲染输出即可。

图 8.2-26

教学小结

本节主要讲解了喷射粒子的创建与运用，结合重力、泛方向导向板的设置与调整，制作出水珠沿着荷叶下落的效果。

作业布置

1. 利用粒子系统制作一个喷泉水流的动画效果。

2. 利用动力学系统的 MassFX 工具制作出物体自由下落的自然动态效果。

书籍配套资料扫描二维码获取